核心素养阅读

教育部统编《语文》推荐阅读丛书

金帆／主编

森林报·夏

SENLINBAO XIA

[苏] 比安基／著

李旭东／译

新课标
无障碍
阅读

U0291104

四川人民出版社

图书在版编目（CIP）数据

森林报.夏／（苏）比安基著；李旭东译. — 成都：
四川人民出版社，2019.7
（核心素养阅读·教育部统编《语文》推荐阅读
丛书／金帆主编）
ISBN 978-7-220-11428-1

Ⅰ.①森… Ⅱ.①比… ②李… Ⅲ.①森林—少儿读
物 Ⅳ.①S7-49

中国版本图书馆 CIP 数据核字（2019）第 107290 号

核心素养阅读·教育部统编《语文》推荐阅读丛书
金 帆／主编
SENLINBAO XIA

森林报·夏

［苏］比安基／著　李旭东／译

出 版 人	黄立新
策划组稿	张明辉
责任编辑	陈 欣
技术设计	李子奇
封面设计	牧云堂工作室
责任印制	李 剑
出版发行	四川人民出版社（成都市槐树街 2 号）
网 址	http://www.scpph.com
E-mail	scrmcbs@sina.com
新浪微博	@ 四川人民出版社
微信公众号	四川人民出版社
发行部业务电话	（028）86259624 86259453
防盗版举报电话	（028）86259624
印 刷	北京飞达印刷有限责任公司
成品尺寸	170mm×240mm
印 张	13
字 数	210千
版 次	2019 年 7 月第 1 版
印 次	2019 年 7 月第 1 次印刷
书 号	ISBN 978-7-220-11428-1
定 价	26.80 元

序言

在读书上，数量并不列于首要，重要的是书的品质与所引起的思索的程度。人生漫漫，变化无常，我们往往不能决定自己遇到什么样的人，也不能决定自己这一辈子走什么样的路。然而，幸运的是，我们可以决定读什么样的书，读多少书。

目前，有一个词在国家自上而下的大力推广下，成了社会热词，这个词就是"全民阅读"。"全民阅读"是一件很好的事情，有国家的提倡，更容易在社会上引起阅读的潮流，弘扬传统文化，接收世界文明，塑造国民性格，提升国民素质。作为中小学生，更应该养成读书的习惯，因为青少年时期是一个人价值观、世界观和个人性格形成的关键时期，而阅读对人生正确的价值观的确立起着至关重要的作用。甚至可以这样说，一个人的阅读史就是其价值观的形成史，阅读的内容与方式在一定程度上决定了其价值观的内容与形成过程。在青少年的成长过程中，他们的阅读数量与质量影响了其成长的方向与速度。

当今社会，电子产品带来的快节奏娱乐已经让人们的心灵变得异常浮躁，他们很难静下心来，去慢慢阅读一本书，细品一首诗、一篇散文、一部小说……因而不能体会文字之美、阅读之乐。久而久之，读书成了一件很遥远的事情，而孩子的心得不到书籍的滋润，也将慢慢成为文化沙漠。这对一个国家、一个人来说，是多么遗憾、多么危险的事情啊！

正因为如此，我国教育部为中小学生量身定制了一套新课标推荐阅读书目，把一些世界经典名著列入其中，在考试中加以考查。现在，有了国家对阅读的大力提倡，顺应"全民阅读"的潮流，加上学校和家长对孩子们的引导，我们相信孩子们会拿起书，喜欢上阅读，渐渐得到读书带来的快乐。

而且，有了推荐书目的指导，我们就有了阅读的方向和大致的范围，面对浩如烟海的书籍，我们就不会感到无从选择。

但是，阅读也是一门学问。怎么阅读一本书呢？读一本书的时候，我们应该注意什么、抓住什么、体会什么？只有掌握了一定的阅读方法，我们才能从《小巴掌童话》里体会纯真与美善，从《钢铁是怎样炼成的》里感受顽强与坚毅，从《城南旧事》里领略北平的风土人情，从《老人与海》里学习永不放弃的精神……

所以，我们策划出版了这套丛书，教学生学习阅读的方法，掌握阅读的技巧，解开阅读的奥秘，从而提高阅读成绩，品尝阅读的快乐，得到生命的滋养。为此，我们做了以下策划：

一 制定"名师导读方案"和"名著阅读导航"，帮助学生详细深入理解、体会作品

为了帮助读者快速了解每一部名著的阅读要点，我们聘请教育专家和作家团队，根据中小学生的阅读特点，制定了一整套阅读方案，包括对名著主题、形象塑造、语言风格、艺术特色、作家生平、写作背景、作品评价、名著情节、人物关系、重点章节的总结与归纳等，可以让中小学生迅速把握一本名著的阅读要点，懂得怎么深入理解名著，提高阅读能力与欣赏水平。

二 名师撰写点评与赏析，帮助学生把握解析要点，体会名著之美

名著不同于一般的作品，它的文字往往更具美感，更有深意。为了帮助学生更好地理解、体会与学习，我们特别邀请了一线著名语文教师，根据学生的需要和他们的阅读特点与水平，在文中和文末撰写赏析文字，这里有对精彩语言的赏析，有对人物形象的解读，也有对作品思想与主题的挖掘，可以帮助学生全面体会名著之美。

三 设置"考试真题回放"和"阅读达标训练"，帮助学生提高考试成绩

为了适应教育部对中小学生关于阅读世界经典名著的考查，我们特意设置了"考试真题回放""阅读达标训练"两个栏目。"考试真题回放"可以帮助中小学生了解、熟悉考题范围和类型，从而更好地备考。"阅读达标训练"中的训练题，题型丰富，贴近真题，可以巩固学习成效。相信这二者的结合，可以提高学生的考试成绩！

四 组织多方面专家，全力为中小学生打造完美的世界名著阅读丛书

在丛书的编写过程中，我们特别邀请了著名作家、中小学一线著名语文教师，从文学和教学的角度对本套丛书进行整体策划、栏目撰写、严格

审定，希望把本套丛书打造成中小学生新课标课外阅读读物的首选读本，让中小学生从这里出发，拿起名著，阅读名著，爱上名著，体会名著的语言之美、人物之美、思想之美，从而提高阅读成绩！

读书是一个人值得用一辈子去做的事情，书籍是沙漠中的一抹浓绿，是山间的一缕清风，是夜空的一轮明月……它滋润我们干涸的心田，吹走内心无名的焦灼，照亮暗夜里前行的道路……拿起名著，热爱读书，从这套丛书开始吧！相信你会收获人生的华枝春满、天心月圆！

目 录

森林报 小鸟出生月（夏天第二月）

森林报 成群结队月（夏天第三月）

打靶场答案　"锐眼"称号竞赛答案及解析

名师导读方案

著名作家+著名老师=联合导读

·名著阅读六大要点·

一、理解关键词语的含义和作用
二、积累好词好句好段
三、了解作品的主要内容和主题
四、把握人物形象的特点
五、感受语言的优美
六、有自己的体会和看法

一 理解关键词语的含义和作用

我们在阅读文学名著时，往往会遇到一些难以理解的词语，这样的词语阻碍我们读懂某一句话或某一段话的意思。所以，我们必须正确理解词语的含义，而理解词语不能仅仅局限在表面意思上，还要认真体会它们在文中所起的作用。

① 联系上下文理解关键词语的含义

我们在阅读时会遇到一些生词，这时我们可以结合词语所在语句的意思来理解它的含义。有时仅理解词语的本义是不够的，作者为了表达某一种意思，而赋予一些词以特殊的含义，这时我们可以通过联系上下文的具体内容来理解这些关键词句的含义。

比如《好房子》中有这样一句："那些高高地挂在白桦树上的房子是黄鹂的。"这里的

"挂"字不是我们平时说的"悬挂"的意思，而是生动地指出黄鹂把房子建在树枝上。

❷ 联系上下文体会关键词语的作用

了解了关键词语的含义，我们还要联系文章的具体内容，仔细体会关键词语所表达的作用。一些关键词语既可以表达人物的感情、心情，又可以展示人物的性格特点。

比如《狡猾的狐狸》中写道："狐狸假装悻悻地离开了獾的家，但是它根本就没有走远，而是在不远处偷偷看着。那灌木丛中的眼睛贼亮贼亮的。"这里的"悻悻"一词表现出狐狸狡猾的性格特点。

(二) 积累好词好句好段

我们在阅读文学作品时，会读到很多优美的词句、精彩的语段，这时我们就需要认真体会，多读、多记、多积累，然后灵活使用。这样，以后我们就不怕写作文啦。

❶ 好词

文学作品就是一个百宝箱，它里面有生动形象的动词、丰富细腻的形容词、

准确传神的拟声词，还有很多精练简洁的成语等，这些都值得我们好好学习。

比如 舒适　悠闲　抱怨
齐刷刷　沉甸甸
因地制宜　可圈可点
惟妙惟肖　五彩缤纷

② 好句

文学作品中还有很多优美的句子，有描写人物外貌的，有描写美丽风光的，还有描写精彩对话的。这些句子描写准确，并运用了比喻、拟人、排比等修辞手法，都是值得我们积累的好句子。

比如 你看，钩嘴鹬的蛋上布满了大大小小的斑点，就像人脸上的雀斑一样；歪脖鸟的蛋是白里透着粉红色的那种，就像很漂亮的小女孩的脸蛋。

③ 好段

精彩的段落描写在文学作品中也很常见，有的巧用修辞，展现妙趣横生的情节；有的用优美的语言描写景物；等等。我们平时应该注意积累和学习，这对我们写作文会有很大的帮助。

比如 黑麦长到一人多高了，花开得正艳。田公鸡——灰山鹑正带着自己的老婆和孩子在麦田里悠闲地散步，那些小山鹑刚刚出生，长得非常可爱，就像一个个黄色的小绒球一样，它们走起来的时候，就像在麦田里滚动似的。

（三）了解作品的主要内容和主题

文学作品反映了特定时期的历史和社会内容，展现了丰富多彩的社会生活。我们阅读文学作品时，要注意把握作品的主要内容和主题。

❶ 了解文学作品展现的主要内容

阅读文学作品时，扫清了字词的障碍后，我们就可以从整体上把握文学作品的主要内容了。只有抓住了文学作品的主要内容，我们才能更准确地了解作者的思路，提高分析、概括和认识能力。

在《森林报·夏》中，作者向我们展示了一个忙碌的夏季。在这个热闹的季节里，动物们忙着筑巢、生子、成群，植物们也有自己的快乐和悲伤。绚丽多彩的夏季森林，有着引人入胜的故事。

❷ 了解作品所表达的主题

作者写一部文学作品总有他的目的，当我们能够把握住文学作品的主要内容，体会文学作品的故事情节时，我们就可以深入感受作者的思想情感了。阅读文学作品时，我们把作者在作品中阐明的道理、主张，流露的思想感情概括起来，就准确地把握了作品的中心思想，也就能更深刻地理解作品的主题了。

在《森林报·夏》中，作者向我们展示了森林中热闹非凡、多姿多彩的夏季，也借此表达了自己对大自然的热爱，同时呼吁和号召人们关心和保护大自然。

（四）把握人物形象的特点

在文学作品中，我们会发现各式各样的人物形象，有的可爱，有的勇敢，有的懦弱，等等。在阅读文学作品时，我们要注意把握人物形象最突出的特点，抓住某一人物与其他人物不同的性格特点，这样才能更好地理解文学作品。

比如《神秘杀手》一节描写了三位猎人。我们在这三个人物的对话当中，可以看到三个人各自不同的性格特点：谢尔盖的固执己见和知错能改，安德烈的无主见和人云亦云，塞索伊奇的聪明与机警。

五 感受语言的优美

好的文学作品经常运用优美的语言讲述生动的故事，表达强烈的情感。我们在欣赏文学作品的语言时，要注意文学作品所运用的各种修辞手法，通过对这些修辞手法的鉴赏来提高我们的语言水平，并将借鉴到的语言特点更好地运用在我们的写作中。

比如"金黄色的草场又换了一套衣服，现在绣着野菊花的花衣裳已经被它穿在了身上，那些雪白的花瓣在太阳的照耀下显得无比娇艳。"这句话运用拟人的修辞手法，将草场上的颜色和鲜花的种类生动有趣地展示了出来。

六 有自己的体会和看法

文学作品问世之后会拥有各种各样的读者。因为每个读者的经历、知识和看待问题的角度不同，所以，每个读者对作品的体会也是不一样的。我们在阅读文学作品时要有自己的体会，这样才能有收获。

比如《英勇的救援者——刺猬》这一节中有这样一段描写："她困惑地睁开眼睛，发现那只刺猬正和毒蛇纠缠在一起。刺猬跳到了毒蛇的身上，咬住了毒蛇的头，用它那软乎乎的爪子使劲地击打着那条毒蛇。毒蛇极力地想挣脱，但是刺猬就像钉子一样钉在了毒蛇的身上。"从这段叙述中我们得到了这样的启发：在危险面前，惊慌失措和束手待毙都是不可取的，幸好玛莎遇到了小刺猬，才能躲过一劫。小刺猬的英勇和智慧让我们十分钦佩。

名著阅读导航

一 基础知识

⊙ 作者简介

维塔里·瓦连季诺维奇·比安基（1894—1959），苏联著名的儿童科普作家和儿童文学家，被称为"发现森林的第一人""森林哑语翻译者"。

1894年，比安基出生在一个养着许多飞禽走兽的家庭里。他父亲是著名的自然科学家。在这样一个科学氛围浓厚的家庭中，比安基从小就热爱大自然，对大自然的奥秘产生了浓厚的兴趣。他跟随父亲上山去打猎，跟家人到郊外、乡村或海边去居住。在那里，父亲教会他认识山中的鸟类和野兽，熟悉它们的习性，教会他怎样观察和记录大自然的一切。升入大学后，比安基在彼得堡大学学习自然专业，在科学考察、旅行、狩猎中与护林员、老猎人交往，理论与实践相结合，积累了大量关于动植物的资料，这为他以后的写作提供了丰富的素材。比安基的作品除了《森林报》以外，还有作品集《森林中的真事和传说》《中短篇小说集》《短篇小说和童话集》等。

⊙ 写作背景

比安基从小就学会了观察大自然，积累了对大自然的印象。大自然中的每一棵草、每一朵花、每一个小动物都成了他生命中不可或缺的一部分。这让他养成了仔细观察的习惯，也开拓了他的视野，培养了他对大自然的兴趣，使他深深地爱上了大自然。

在比安基27岁时，记录大自然的日记就已经有厚厚的一大摞了。神奇的大自然打动了他，也让他有了一个梦想，那就是一定要让这些美丽、神奇、伟大的动物和植物永远活在他的文字里，让全世界的人都能认识、了解这个奇妙的世界，爱上大自然。于是他决心要用艺术的语言，将大自然的神奇、美丽讲给所有热爱大自然的人们听。

1923年，比安基成为彼得堡学龄前教育师范学院儿童作家组成员，开始在杂志《麻雀》上发表作品，从此一发而不可收拾，森林的样貌被逐一展示在世人面前，这就是比安基进行科普创造的初期。1924年—1925年，比安基主持《新鲁滨孙》杂志，在该杂志开辟了属于森林报道的专栏，这就是《森林报》的前身。1927年，《森林报》一书问世，成为比安基正式走上文学创作道路的标志，也成了他的代表作。该书出版后至1959年再版9次，每次都会增加一些新内容，深受青少年朋友的喜爱。

⊙ 作品主题

《森林报》自出版以来就受到读者的热烈欢迎，在世界各地连续再版，被称为"大自然颂诗"。在书中，作者以风趣轻快的笔调，层次清晰地将森林里发生的故事展示给读者，让读者看到除了人类社会，自然界还有另外一个生物的社会。它们和人类社会一样，既有愉快的节日，也会发生残酷的争斗。在这个世界里每一个生命都像我们一样，在不同的时间段，承载着不同的生命体验。这如同给读者打开了一个窗口，引导读者去观察大自然，研究自然的奥秘，看到生命的纯洁与美好，并在此基础上思索人生的真谛。

⊙ 情节简介

《森林报·夏》是比安基的代表作《森林报》的第二部，时间跨度从6月21日一直延续到9月20日，分为"忙碌筑巢月""小鸟出生月""成群结队月"三章。在这三个月中，森林中的居民数达到顶峰，大自然到处是一片欣欣向荣的景象。花朵不再害羞，努力地展示着生命的妖娆；飞禽走兽忙着繁育下一代，并交给它们生活的本领。树林中也会发生激烈的战争，白桦树、白杨树和强大的云杉家族的战争进行得如火如荼……森林中的一切都展现出最原始的生命力量。

⊙ 动物卡片

猞猁——猞猁长得像猫，但远比猫大，成年猞猁重约30公斤。它们四肢粗长，行动矫捷，喜欢独居，善于攀爬，喜欢生活在寒冷的地方。猞猁的视力特别好，白天和晚上都可以看见。猞猁走路的时候会把爪子缩起来，因此它的脚印是圆的。

跳螂——跳螂有着两条白色的条纹，喜欢在菜叶上蹦来蹦去。它们从出现到毁灭整个菜园用不了三天时间，会把那些没有长好的青菜叶子全部毁掉。要想对付它们，可以在小旗子上涂上胶水去粘跳螂，也可以在早上菜叶上还沾满露水的时候，用一面小筛子，把炉灰、烟灰或熟石灰撒在菜叶上。

景天——景天厚厚的、鼓鼓囊囊的叶子长在茎上，密密麻麻的，把茎都遮住了；花是像五角星一样的颜色鲜艳的小花；果实跟花一样也像五角星。只要有水，景天的种子就可以顺着水漂下来，漂到哪里，就在哪里生根、发芽、开花、结籽。

蛾蝶——蛾蝶的种类很多，有白菜粉蝶、萝卜粉蝶、甘蓝螟、甘蓝夜蛾、菜蛾等。白菜粉蝶和萝卜粉蝶在白天出现；甘蓝螟、甘蓝夜蛾、菜蛾在夜间出现。它们会把卵产在菜叶上，这些卵会变成菜青虫，专啃菜叶和菜茎。人们不得不把它们的卵直接捏碎，或者在菜叶上撒炉灰、烟灰或熟石灰，来对付它们。

老鹳草——这是一种杂草，长在菜园里，长相平凡，蓬蓬松松的；开出的小花是紫红色的；种子上面带尖，下面长着小尾巴，毛茸茸的。它的种子落向地面时，就会用镰刀似的小尾巴尖钩住小草。在天气潮湿时，那些小尾巴尖就会变直，风一吹，"螺旋桨"就旋转起来，种子就螺旋着钻进地下，完成播种的过程。

二　鉴赏与品读

⊙ 艺术特色

1. 采用报刊的形式

平常的报刊都是刊登关于人的消息，以及人类社会发生的故事。而森林里的那么多的故事，从不会被城市的报纸报道。《森林报》采用报刊的形式，按照春、夏、秋、冬四季12个月，有层次、分类别地报道了森林中的新闻。森林里会有辛勤的劳作、欢快的节日和意想不到的悲剧，也会有勇猛的英雄和蠢笨的强盗……这样的形式让人们读来有种亲近感，更有探知的欲望。

2. 比喻、拟人修辞的使用

作者把自己一生观察大自然所积累的知识和经验化成生动活泼的语言，用轻快的笔触描写了大自然的喜怒哀乐，将自然界的悲欢离合表现得淋漓尽致。在严寒的列宁格勒，没有翅膀的小蚊虫从土里探头探脑地出来，光着脚丫在寒风呼啸的雪地里乱蹿；秧鸡用自己的双脚穿越整个欧洲；素不相识的兔阿姨给兔宝宝们喂奶……这些比喻、拟人的修辞手法将大自然的动物们描写得那么生动、可爱，不光孩子爱看，成年人读来也趣味盎然。

⊙ 重点篇目

《英勇的救援者——刺猬》

大清早，玛莎到树林中去采了一篮子酸甜可口的草莓。在回家的路上，光脚丫不小心被一只刺猬扎伤了。正在她检查伤口的时候，一条背上满是黑色条纹的毒蛇向玛莎爬来。玛莎吓得手脚发软，不知所措。

就在这个时候，那只刺猬挺身而出，向着毒蛇跳去。毒蛇甩起尾巴向小刺猬抽去，小刺猬勇敢地竖起身上的尖刺来迎战。毒蛇被刺伤，虽极力挣脱，却被刺猬勇敢地钉住了，玛莎这才有机会逃回了家中。

《慈爱的父母》

麋鹿的妈妈和有的妈妈不一样。它们总是无微不至地照顾自己的孩子，生怕孩子受到任何伤害。为了保护独子，麋鹿妈妈时刻处于备战状态，精神高度紧张。哪怕遇到凶狠的大黑熊，麋鹿妈妈也会勇敢地迎上去，用自己的前后蹄子迎击，让黑熊记住这个教训，再也不敢来惊吓麋鹿宝宝。

小山鹑的妈妈就更聪明了。遇到敌人，小山鹑的妈妈会故意装作受伤，一瘸一拐地往前走，还不时回头看看敌人是不是跟了上来。每次小山鹑的妈妈在快被捉到时，就飞快往前跑。等到敌人专心去抓它的时候，小山鹑就能够安全逃走了。等小山鹑逃脱后，山鹑妈妈就飞走了，哪里还有受伤的样子。

《夜行大盗》

　　最近森林里出现了一个神秘的家伙，被动物们叫作"夜行大盗"。

　　最近遇害的是一只雄獐子。它带家人到森林里找吃的，突然被一个乌黑的家伙袭击。在猝不及防的情况下，雄獐子倒在地上，雌獐子带着两个孩子跑回了家。等第二天才发现，雄獐子已经被吃掉了，只剩下两只犄角和四个蹄子。

　　一只体格健壮的麋鹿也遭受到攻击。当时它正穿过森林，被一棵树上长的巨大木瘤吸引。于是，它想看个究竟。正在这时，一个黑乎乎的东西闪电般地压了过来，骑到了麋鹿的脖子上。麋鹿突然意识到这是那个神秘杀手，便猛地把脑袋一甩，那个家伙被摔在了地上。麋鹿没敢多看一眼，撒腿就跑，连那个家伙的脸都没有看清楚，这才保住了性命。

　　至今，没有人知道这个神秘杀手到底是谁。

《琴鸡的藏身秘诀》

　　老琴鸡正领着一群长着黄色绒毛的小琴鸡在草地上散步，被大鹞发现了。它看准位置，从天上俯冲下来。但是老琴鸡也发现了危险，它大叫一声，所有的小琴鸡一下子都消失得无影无踪。等大鹞心不甘情不愿地飞走后，老琴鸡再叫一声，一群黄色的、毛茸茸的小琴鸡又都出现在它身边。原来，它们在得到警报后，便迅速将身子紧贴地面躺着。只不过大鹞从半空中往下看，是不能把它们和树叶、青草、土地区别开的。这是琴鸡保护自己的一个方法。

⊙ 作品评价

　　《森林报》是一本博物志，寓教于乐。青少年们通过阅读不仅可以从森林里的新闻中得到欢笑，更能增长见闻，丰富知识，对于语文、地理、生物等学科的学习大有裨益。森林里的乐趣无穷多，每个小动物都有自己的生活方式，在一年四季中演绎着别样的"人间烟火"。细细读来，这些小动物很亲近人，似乎就是成天打闹的邻居孩童，亲切可爱。《森林报》自1927年首次出版后，受到广大读者尤其是少年儿童的热烈欢迎，并被译成多国文字，在英国、法国、德国、日本、中国等国家发行。这部经典读物经过不断修订、补充，最终成为科普著作中的传奇。

森 林 报

忙碌筑巢月（夏天第一月）　　　　　　　　　　从6月21日到7月20日

一年12个月的欢乐诗篇——6月

6月，蔷薇竞相开放，鸟也完成了迁徙的过程，浪漫的夏季开始了。白昼越来越长，黑夜越来越短，在极北的地方，已经出现了极昼——完全没有黑夜。空气越来越湿润，花开得越来越鲜艳，金凤花、立金花、毛茛（gèn），把草地染成一片明晃晃的金色。【❀环境描写：这一段环境描写，把6月的美妙风光描绘了出来。】

勤劳的人们在这个季节里早早地起来，采集那些花、茎、根，做成药材，以备不时之需。

所有的小鸟都有了自己的小窝，窝内有各种颜色的鸟蛋，那些小生命就是从薄薄的蛋壳里面钻出来的，然后它们开始生长，慢慢地就长成了各种颜色的小鸟。

夏至——6月21日或6月22日——到来，一年当中最长的白天也就过去了。从这一天开始，白昼渐渐地变短了，黑夜渐渐地长了起来。人们纷纷说道："夏天已经悄悄地从篱笆缝里探出了头，不过多少还有那么一点羞涩！"【✿拟人：运用拟人的修辞手法，将初夏来临、夏季的热烈还未完全到来的情况描述得非常可爱，给人以无穷的想象。】

大家都在哪里住

到了孵小鸟的时候，那些林中居民都已经早早地建好了自己的房子。这些房子建造得各式各样，有些比较漂亮，当然也有些比较简陋。我们这些森林记者决定到处走走，采访一下这些居民，看看它们生活得怎么样，它们的衣食住行到底如何。

好房子

森林里到处都建造了各种各样的房子，几乎没有一点空闲的地方。不管是地上还是半空中，不管是草丛里还是树枝上，都布满了房子。从远处看，星星点点的很是壮观。大家就随着我们这些森林记者到处看看吧！

那些高高地挂在白桦树上的房子是黄鹂的。你们看，那些房子建造得漂亮极了。那是用亚麻、草茎还有毛发编织成的精美的房子，里面放着黄鹂的蛋。那些房子不仅精美，而且坚固，无论刮多么大的风，房子都不会掉下来，这一点黄鹂妈妈很放心。

那些在草丛中若隐若现的房子是百灵、林鹨（liù）、鹀（wú）以及许许多多别的鸟的。那些房子建造得各具特色，当然我们最喜欢的是聪明的篱莺建造的房子——那是用干草还有干苔做成的，房子的上面有房顶，房子的侧面留着一道小门，怎么看，都是一件精美的艺术品。

树上的树洞是天然的住宅，这些是属于鼯鼠（松鼠的一种，脚趾间由一层薄膜连着）、木蠹虫、小蠹虫以及啄木鸟、山雀、椋鸟、猫头鹰等许许多多鸟的。它们可真会选地方，这些住处不仅实用，而且安全。

地底下也有各种各样的房子，这些房子是属于鼹（yǎn）鼠、田鼠、獾、灰沙燕、翠鸟和各种各样的虫子的。

我们的记者看到湖面上漂浮着像木筏一样的房子，那房子建造得可真是奇怪。经过采访，我们才知道原来那是䴙䴘（pì tī）的房子。䴙䴘是一种尾巴很短的鸟，它因地制宜地把房子建造在水面上。房子用芦苇、水藻等编织而成，鹧鸪就住在里面。阵阵夏风吹过，小屋就在水面上漂来漂去，那感觉真是惬意。

河柽子和银色水蜘蛛最有意思了，它们竟然把自己的小窝建在了水底下，真不知道它们是怎么想出这个主意的，不过那真是一个不错的选择。

谁的住宅最好

看到那么多漂亮的房子，我们这些森林记者总想找到一所最好的房子。但是好房子确实太多了，要想选出哪一座房子最好，真的不是很容易。不过我们相信"功夫不负有心人"，我们只要努力地去寻找，总能找到一座最漂亮的房子。

看，在一棵又高又粗的松树上，有一所巨大的房子，那是雕大哥的窝。窝用粗壮的树枝做成，看上去很是坚固，实际上也正是如此，否则的话，这窝怎么能够承受得住雕大哥那壮硕的身躯呢？我们还是过去看看吧。

黄头戴菊鸟的窝大概是最小的了，因为黄头戴菊鸟本身就长得比较小。如果真要比起来的话，黄头戴菊鸟大概还没有蜻蜓大，所以它的小窝大不过一个小拳头。

在我们的印象当中，鼠是最狡猾不过的动物了。在住宅的建设中，田鼠也同样发挥了它狡猾的天性。从表面上看，只有一个洞口是通往田鼠的住宅的，但是当你真正进去的时候，就会发现像进了迷宫一样，里面的道路四通八达，这可能和田鼠的身份比较相符——为了逃避追捕，它就故意制造了这么多的前门、后门、侧门、紧急逃生门等。

卷叶象鼻虫的房子也是可圈可点的。【✐成语：意在说明卷叶象鼻虫的房子设计得非常适合它住。】它把白桦树的叶脉当成食物吞到肚子里，等到树叶蔫了的时候，它就把这些叶子卷成一个个长筒，然后再用自己的唾液把那些小筒粘起来。雌卷叶象鼻虫把自己裹在里面，顺便把自己的卵产在里面，经过一段时间，幼小的卷叶象鼻虫就诞生了。

要说懒惰的话，我敢保证没有什么鸟比领带鸟——钩嘴鹬（yù）和夜游神——欧夜鹰更懒惰了。下蛋的时候，钩嘴鹬直接把蛋下在沙滩上，而欧夜鹰则把蛋下在小坑当中或者干脆就下到大树底下的落叶里边。它们算是鸟类里边最懒惰的了。至于建造房子，它们根本没有想过还有这么一件事情。

如果要说漂亮，那最漂亮的房子当然是篱莺的。篱莺是一种善于模仿的鸟，模仿人说话的声音和其他种类的鸟的叫声惟妙惟肖。【❀成语：用一个成语就表达出篱莺善于模仿人和鸟的声音。】它的房子建在白桦树的树枝上，建筑材料是上好的苔藓和轻柔的白桦树皮。另外它还不知道从什么地方弄来了五颜六色的纸片来装饰自己的房子，看上去真的是五彩缤纷，漂亮极了。

长尾巴山雀的小窝是最舒适不过的了。人们也习惯将这种小鸟称作"汤勺子"，因为它长得实在像是那种长柄的汤勺。它的小窝分里外两层，里面

是柔软的羽毛和兽毛，外面一层是用苔藓粘成的。整个小窝呈圆形，像一个结实的小南瓜。正中间有一道门，又小又圆的，正好能让长尾巴山雀自由出入。

河榧子是一种长着翅膀的昆虫。如果没有什么事情，它们就会将翅膀收起来，正好能把身体遮住。它们的幼虫是没有翅膀的，身体很光滑，毫无遮掩。河榧子通常会选择在小河或者小溪的底部定居。这时候它们会去寻找和自己的身体差不多长的小树枝或者稻草。然后，它们将事先用泥土做成的小管子粘在树枝或者稻草上，等到这一切都准备好了之后，它们就会顺着管子溜进去，想要睡觉的时候，它们就会把整个身体缩进去，美美地睡上一觉。它们如果睡醒了想到处走走，就会伸出自己的前脚，背着自己的房子到处转转，那绝对是一种美妙的享受。

我们的森林记者曾经看到过一只可爱的河榧子的幼虫，它竟然找到一支香烟的过滤嘴就钻了进去，带着轻易得到的房子四处旅行、炫耀。那情形真是可爱极了！

银色水蜘蛛的房子是我们见到的最为奇怪的房子。银色水蜘蛛在密密麻麻的水草上面布了一道网，然后用毛茸茸的肚皮制造一些气泡，它们就生活在这些有空气的房子里面。那种情形着实让我们感到奇怪，同时我们也会感叹它们到底是怎么想到用这种方法来建造自己的房子的。

还有谁的家

经过采访，我们的森林记者还找到了鱼窠（kē）和野鼠窠。

刺鱼建造的房子是最实用的。当然干活这件事情是由雄刺鱼来完成的。它们选来一些比较重的草茎，这些草茎即使放到河底也不会漂浮上来。它们

家的围墙和屋顶就是用这些草茎做成的，它们用
唾液把这些草茎粘在一起，然后用苔藓
把那些小窟窿堵上，在墙上留下两道
小门，这样一个完整的窝就建成了。
雄刺鱼和雌刺鱼就在这样的窝中快乐
地生活。

　　小老鼠基本上是模仿小鸟来建造

自己的窝的。它们找来草叶和
一根根细细的草茎，然后建成
自己的家。它们把家放在圆柏
树的树枝上，这些小窝离地面
有两米多高，这样可以有效地
防止外敌侵犯。

选择什么样的材料

　　这些动物的房子的建筑材料可以说是多种多样。

　　鸫是一种鸣禽，它用烂木屑来粉刷自己的房子，使得整个房子看起来非
常干净整洁。

　　至于家燕和金腰燕，它们会用自己的唾沫把泥巢弄得结结实实。

　　黑头莺呢，就用一种非常轻又非常黏的蜘蛛网把一些细细的树枝粘在一
起，做成自己的小窝。不管风吹雨淋，小窝都不会轻易地坏掉。

　　鸭（shī）是一种非常奇怪的小鸟。它有一种独特的本领，那就是能够从
笔直的树干上头往下跑。它的房子在很大的树洞里。松鼠经常在附近出没，
为了不让松鼠进去，鸭就用泥巴把洞口封起来，仅仅留下可供自己出入的小
洞口，这样它就安全了。

翠鸟拥有非常漂亮的外衣，它的羽毛蓝绿相间，夹杂着咖啡色的条纹。它建造的房子也比较有意思。它会先在河岸上挖一个很深的洞，然后在里面铺上细细的鱼刺，这样一弄，软软的"床垫"就做成了，于是翠鸟就可以舒适地住在里面了。

租别人的房子住

森林里也有一些小动物，它们自己不会建造房屋或者因为懒惰而不愿意自己去盖房子，这时候它们就会租用别的动物的房子，当然它们是不用交租金的。

杜鹃把蛋下在鹡鸰（jí líng）、知更鸟、黑头莺和其他小鸟的房子里，这样它就不用自己建造房屋了。

黑钩嘴鹬则会找一个乌鸦已经不用的窝，直接躲在里面，直到自己孵出小鸟为止，这也不失为一个偷懒的方法。

水底沙岸壁上有不少小洞，那些洞已经没有主人了。很多时候船碉鱼都会选择这样的小洞，不慌不忙地在里面完成产卵的过程。

我们的森林记者见到一只麻雀，它的做法显得更加狡猾。一开始的时候，它把自己的窝建在屋檐下，结果，一个淘气的男孩子把窝给拆掉了。后来，它又把窝建在树洞里，当它安心地在里面产完鸟蛋后，伶鼬跑过来，偷走了所有的鸟蛋。最后，麻雀终于找到一个好位置，它把窝建在了雕那巨大的窝旁边。当然雕一点都不会在意这件事情，因为对雕而言，麻雀根本不会构成任何威胁。相反，雕倒是很喜欢这只聪明而又勇敢的麻雀。

现在，麻雀可以无忧无虑地过日子了，它不再害怕，更不用东躲西藏了。因为那些伶鼬、猫、老鹰，甚至是男孩子，都很害怕雕那锋利的爪子，根本不敢靠近雕的领地。

集体户

森林里也有一些动物是住在集体宿舍里的，它们过着群居生活。蜜蜂、黄蜂、丸花蜂和蚂蚁就是这一类动物的代表，它们居住在自己建造的大房子里，这些房子可以容纳成百上千的同类公民。

白嘴鸦把花园和小树林作为自己的领地，群居在这些地方。鸥则占据了沼泽、沙岛和浅滩，它们成了这片领地的主人。所有入侵的动物，都是它们的敌人。一旦有动物来犯，就会遭到严厉的警告或者打击。

在陡峭的河岸上，灰沙燕凿了很多很多的洞穴，把整个河岸弄得像个巨大的筛子。【✄比喻：此处运用了比喻的修辞手法，把灰沙燕凿的窝写得形象可感，同时也表明这里的灰沙燕很多。】每天，当它们起飞的时候，场面颇为壮观。

到家中看看

大家一定很好奇，那些巢里到底有些什么东西，那就随我们一起去参观一下吧！

那些巢里有大小不一、形状颜色也不一样的鸟蛋。不同的鸟就会产出不同的鸟蛋。

你看，钩嘴鹬的蛋上布满了大大小小的斑点，就像人脸上的雀斑一样；歪脖鸟的蛋是白里透着粉红色的那种，就像很漂亮的小女孩的脸蛋。【✄比喻：连用两个比喻，把钩嘴鹬蛋上的斑点比喻成"人脸上的雀斑"，把歪脖鸟蛋的颜色比喻成"小女孩的脸蛋"，生动形象地写出了两种鸟蛋的特点，令人印象深刻。】

你肯定想知道为什么会这样，那我就告诉你吧。这是它们的一种保护色。钩嘴鹬的蛋是直接下在草丛里的，完全裸露在外面。如果是纯白色的鸟蛋，很容易就会被人或者其他贪吃的动物看到。所以，这些蛋上才会有很多

大大小小的斑点，这样就不容易被发现了。可是，要小心你的脚底下呀，没准你一脚就会踩上一个鸟蛋。

歪脖鸟的蛋是下在又黑又深的树洞里的，谁也看不见，所以这种白里透粉的颜色能让鸟妈妈一眼就看到鸟蛋的位置。现在你应该明白了吧！

野鸭也把蛋下在草丛里，它们的蛋大都是纯白色的，因此也很容易暴露。于是在每次离开家的时候，野鸭都会从自己的身上啄下几根羽毛，盖在蛋上，这样就可以放心地离开了。如果不是特别注意的话，别的动物是不会发现野鸭的这个秘密的。等到回来之后，野鸭就可以继续孵化它们的小宝宝了。

可能有些人会感到好奇：为什么钩嘴鹬的蛋一头是尖的，而兀鹰的蛋却是圆的？

这个倒也不难理解，钩嘴鹬是一种小鸟，而兀鹰则大得多。其实，大家可以看到钩嘴鹬的蛋个头是不小的，如果蛋的一头不是那么尖，那么它们在孵蛋的时候，可就真应了"二十一天不出鸡——坏蛋"这句话了。【❀俗语：形象地说明了钩嘴鹬下的蛋为什么一头大一头小，也让语言更加丰富。】

有人可能又要提问题了，为什么小钩嘴鹬的蛋会和大兀鹰的蛋差不多大呢?

　　这个问题嘛,我们会在下一期的《森林报》当中解答,欢迎大家继续关注我们的《森林报》,关注我们这些可爱的森林记者。下期再见。

　　我的 好词好句积累卡

　　因地制宜　　可圈可点　　惟妙惟肖　　五彩缤纷

　　空气越来越湿润,花开得越来越鲜艳,金凤花、立金花、毛茛,把草地染成一片明晃晃的金色。

　　翠鸟拥有非常漂亮的外衣,它的羽毛蓝绿相间,夹杂着咖啡色的条纹。

森林中的大事

有趣的植物

夏天，是森林里最热闹的季节，这时候池塘里已经长满了浮萍。不认识浮萍的人可能会误以为那是苔草。其实浮萍和苔草是有区别的。浮萍和其他植物比起来，显得更加有趣。跟其他的植物不一样，它的根又细又小，一些像叶子一样的小绿片浮在水面上，绿片上面长着一个又长又圆的突起，我们把这个称作小烧饼茎和小烧饼枝。

浮萍是没有叶子的，偶尔会开出几朵小花，但大多数的浮萍是不开花的。浮萍的繁殖能力极强，同时它繁殖起来也非常简单，只要有水，从小烧饼茎上落下一个小烧饼枝，就可以了。这样，一棵浮萍就变成了两棵，如此一来，池塘里就到处都是浮萍了。

浮萍的日子也是过得非常悠闲的，它不会把自己固定在一个地方，每当野鸭游过来的时候，它就缠在野鸭的脚上，从一个地方到达另一个地方，这种旅行方式也算是独一无二的了。【★成语：只此一个，别无其他，说明浮

獾生活方式的独特性。】

狡猾的狐狸

这一天，狐狸遇到了一件倒霉的事情，它正在洞里陪着自己的宝贝儿子玩，屋顶突然掉了下来，小狐狸差一点就没命了。狐狸心里暗自叫苦：又要搬家了，可是现在到哪里去找个家呢？

于是它跑到老邻居獾的家中，准备借獾的房子暂住一阵子。獾的房子很大，足够容纳两个家庭居住。洞里很干净，狐狸一边看，一边暗自高兴：这比自己的那个家强多了，有入口，也有出口，危机来临的时候可以逃生。

寒暄过后，狐狸说明来意，獾马上就不高兴了。獾是一个非常爱干净的家伙，平日里虽然它和狐狸有来往，但是它受不了狐狸的邋遢（lā ta），更何况狐狸还要带着孩子呢！于是它就把狐狸撵了出来。

狐狸满肚子的不高兴，但是它并没有表现出来，只不过心里暗暗发誓一定要把这个房子据为己有。于是狐狸就开始制订它的计划。

狐狸假装悻悻地离开了獾的家，但是它根本就没有走远，而是在不远处偷偷看着。那灌木丛中的眼睛贼亮贼亮的。

看到獾走远了，狐狸迅速地跑进洞里。狐狸先在地上拉了一堆屎，然后撒尿，最后把獾的窝里弄得乱七八糟，这才兴高采烈地离开了。接着，狐狸又躲进了灌木丛，它想看看獾那气急败坏的样子。【动作描写：一连串的动作描写，把狐狸为霸占獾的家而故意使坏的狡猾嘴脸表现了出来。】

等到獾回到家中一看，顿时火冒三丈，它是个有洁癖的家伙，家被弄成这样，它再也住不下去了，只能气哼哼地另去建造自己的新家了。

獾把狐狸赶出自己干净宽敞的洞

而这一切，狐狸都看在眼里，这也正是狐狸想要的结果。它赶紧回去把这个好消息告诉了自己的宝贝儿子。

于是，狐狸一家兴高采烈地搬到新家去了。獾当然知道是狐狸在背后捣鬼，但只能哑巴吃黄连——有苦说不出。【❀歇后语：生动有趣地表现了獾习惯于忍让和息事宁人的性格特征。】

会变戏法的矢车菊

在草场和空地上，你每每会看到那紫红色的矢车菊。每当看到它，我就会想起伏牛花，因为它也像矢车菊一样会玩一些无伤大雅的小把戏。

其实，矢车菊并不是一种花，而是一种花序。那些小花蓬蓬松松的，看上去很漂亮，但是那是一种假象，那只是一些不能够结籽的空花（谎花）。真正的花是藏在这些小花中间的一些暗红色的小管。管子里面有一根雌蕊和几根会玩小把戏的雄蕊。

那些雄蕊可真是有意思。

如果你不小心碰到了这些小管子，它们就会调皮地向旁边一歪，接着管子上面的小孔里就会有一股花粉喷出来。只要过上几分钟，你再去动它们，它们就又会喷出花粉来。

当然你不要认为它们真的是在变戏法，其实它们这样做是有目的的。每当昆虫们想要看它们变戏法的时候，它们总是会很慷慨地说："好吧，你们来碰我们吧，只不过你们一定要帮我们一个忙，你们一定要把我们的花粉带到其他的矢车菊身上去。"于是，那些昆虫个个玩得兴高采烈。

夜行大盗

最近森林里出现了一个神秘的家伙，被动物们叫作"夜行大盗"，因为它只在夜里出没。森林里的居民个个胆战心惊，生怕那个神秘的家伙会偷到自己的身上来。

事情的经过是这样的：最近一段时间，每到晚上，总会有几只小兔子离奇地失踪。所以那些胆子比较小的动物，比如小鹿哇，黑琴鸡呀，松鸡呀，榛鸡呀，兔子呀，松鼠哇，它们一到晚上就会感到非常害怕。它们不知道在什么时间什么地点会受到伤害。而那个家伙总会时不时地出现，真有点神秘莫测的味道。大家都在猜想，这神秘的家伙可能不是一个，说不定是一群，还有可能是一个组织。

就在几天之前的一个晚上，一只雄獐子、一只雌獐子带着两只小獐子到森林里的空地上找东西吃。雄獐子站在离灌木丛不远的地方放哨，而雌獐子则带着两只小獐子在空地上吃草。正在这时，一个乌黑的东西突然从灌木丛里跳了起来，一下子就蹿到了雄獐子的背上。在猝不及防的情况下，【⚔ 成语：说明这个神秘杀手的行动非常迅速和突然，让动物们都没法防备。】那只雄獐子就倒在了地上。听到动静，雌獐子领着两只小獐子惊慌失措地逃回居住的地方。

等到天亮以后，雌獐子大着胆子来到昨晚吃草的地方，看到的是一幕惨剧：雄獐子仅仅剩下两只犄角和四个蹄子，其余的部分没有了踪迹，估计是被那个神秘的家伙吃掉了。

昨天晚上受到袭击的是一只麋鹿。麋鹿的个头较一般的鹿要大很多，显得非常高大。它的力气很大，奔跑速度很快，长着一对大犄角，就算是凶猛的大熊见了它也会躲得远远的，所以它不会惧怕来自森林里的神秘杀手。当它穿过森林的时候，突然看到旁边的树上好像长了一个木瘤，它从未见过如此大的木瘤，感到很好奇。于是，它停了下来，靠了上去，想看个究竟。

正在这时，一个黑乎乎的东西闪电般地压了过来，骑到了麋鹿的脖子上。麋鹿的警觉性还算是很高的，当它突然意识到这是那个神秘杀手之后，它猛地把脑袋一甩，那个家伙"嗷"的一声，摔在了地上。麋鹿没敢多看一眼，撒腿就跑，它连那个家伙的脸都没有看清楚。

这里并没有狼，况且狼不会爬树，熊虽然会爬树，但是绝对不会那样敏捷，更何况熊的好吃懒做是出了名的，它才不会半夜起来呢！没有人知道这个神秘杀手到底是谁，因为见过它的动物都已经没命了。

<u>直到现在，我们仍然不知道那个神秘杀手的真实面目。</u>【✍巧设悬念：最后这一句话，给读者留下悬念，引起读者继续阅读的兴趣。】

小刺鱼的故事

在前面，我们曾经介绍过雄刺鱼那坚固实用的窠。当它盖好了自己的房子以后，就会领回一条雌刺鱼做自己的老婆。但是雌刺鱼产完卵之后，就会从后门出去。

然后，雄刺鱼又会去找新的老婆，每个老婆都重复着第一任老婆的故事。最后留在刺鱼窠里的是一大堆鱼子，雄刺鱼就留在家里，照顾这些鱼子。

在这条河里，不乏喜欢吃鱼子的家伙。它们好像天生就有这样的本领，知道哪里会有新鲜的鱼子。那条可怜的雄刺鱼虽然瘦小，但是它却不害怕那些家伙来侵犯。

这一天，天刚亮，一条可恶的鲈鱼闯了进来，看到鱼子，那条鲈鱼的眼睛立刻充满了大吃一餐的欲望。但是雄刺鱼是不会让它轻易得逞的。

雄刺鱼愤怒了，全身的刺都竖了起来（就算都竖起来也不多，总共5根，其中有3根长在背上，2根长在肚子上）。雄刺鱼瞅准时机，把自己的刺扎进了鲈鱼的腮里。那条鲈鱼就狼狈地逃跑了。

鲈鱼身上大部分地方都有鱼鳞，那是它天然的铠甲，但是鱼鳃那个地方却是没有鱼鳞的，那是鲈鱼的命门。雄刺鱼正是看到了鲈鱼的这一弱点，才会一击就中，把鲈鱼打得狼狈逃窜。这就是所谓的"知彼知己，百战不殆"吧！

【❀成语：运用这一成语说明在自然界中也存在着斗争，而在战斗中知道对手的弱点，明确自己的优点都是非常重要的。】

警惕性极强的欧夜莺

我们在森林里采访的时候，找到了一个欧夜鹰的小巢，那个小巢里有两个欧夜鹰下的蛋，欧夜鹰正坐在蛋上孵小鸟呢！看到我们来了，欧夜鹰赶紧从蛋上下来，朝我们大声抗议。

其实我们并没有要动那些鸟蛋的意思。但是欧夜鹰却不依不饶地追着我们飞了老远。我们记下了这个鸟巢的位置。

等到我们再次回来的时候，发现那个欧夜鹰的巢已经是鸟去巢空了，鸟蛋也不翼而飞，我想肯定是欧夜鹰把鸟蛋叼到别的地方去了，它怕有些动物

会回来破坏它的生活。

后来，事实证明，我们的猜测是正确的。有一天早上，我们的森林记者亲眼看见那只欧夜鹰带着两只小欧夜鹰在林中的空地上觅食。见到我们，欧夜鹰始终保持着高度的警惕。

蝼蛄

派往加里宁州的一位森林记者发回了报道，报道上说："为了增强体质，我在地上挖坑，准备埋上一根竿子。在准备的过程当中，我挖到的一个小东西，像极了某种野兽，有脚掌，有爪子，背上还有像翅膀一样的东西，它的全身都长满了棕黄色的像兽毛一样的细毛，身体倒不是太长，有5厘米左右，像是黄蜂又像是鼹鼠，可是它有6只脚，从这个特点来判断，它应该是一种昆虫。"

编辑部的答复是这样的："这是一种昆虫，看上去它像是野兽，其实不是。它有一个像野兽一样的名字——蝼蛄。它和鼹鼠在很多地方都是相似的，它们都有肥大的前爪（手掌），并且都是挖土的一把好手。不同的是，鼹鼠的力气要大得多。蝼蛄的前脚长得像剪刀一样，因为只有这样，它才能用那把'剪刀'把藏在地下的植物的根茎剪断；而鼹鼠就不需要了，它的爪子格外有力量，只要挥动爪子或者干脆直接用它那无比锋利的牙齿就能够把那些植物的根茎弄断。"【✿对比：运用对比的手法，把蝼蛄和鼹鼠的不同特点描写得具体细致，让读者更清晰地了解它们不同的习性。】

在蝼蛄的两个胯上长着一对类似锯齿的薄片，就好像是它的牙齿一样。

蝼蛄大部分时间是留在地底下的。它在地下挖隧道，这一点跟鼹鼠一样，还有一点是相同的，那就是它们都会把后代产在地道里。当然也有不同的地方，蝼蛄长着一对又大又软的翅膀，它擅长飞行，技术很高，这一点是鼹鼠所不能及的。

通常情况下，在加里宁州，并不会碰到蝼蛄，当然在列宁格勒这个地方就更不常见了。但是，在南部的省份，这种小动物还是能够经常见到的。

在那种潮湿的土壤中，如水边、花园、菜园里，你都会找到这些可爱的小家伙。如果你想弄到几只这种小东西是再容易不过的了：只要你选择一个地方，每天晚上都在这里浇水，然后上面再盖上木屑，到了夜晚，你过去看看，肯定能捉到不少这种可爱的小家伙，因为它们肯定会钻到木屑里面去。

蜥 蜴

一天，我走到森林里，在一个树墩旁，抓到了一只蜥蜴。我非常高兴地把它带回了家。然后我把它放到了一个玻璃罐中，在罐底，我铺了一层厚厚的沙土和石子。我把那只蜥蜴照顾得很好，每天都会给它换水、换草，还抓一些它喜欢吃的苍蝇、甲虫、毛毛虫、蜗牛等喂它。那只蜥蜴显然很享受这种生活，每次都吃得有滋有味。它尤其喜欢吃那种生活在甘蓝里的白蛾。它吃东西的动作也非常有意思：<u>小脑袋一转，嘴巴一张，舌头一吐，猛地一</u>

<u>扑，然后就开始享受美餐了。吃饱以后，它会舒舒服服地伸个懒腰，表现出很满足的样子。</u>【🔍**动作描写**：用连续的动作把蜥蜴吃东西时和吃东西后可爱的样子描写了出来。】

一天清晨，我惊喜地发现在那些小石子间有十多个蜥蜴蛋，那些蜥蜴蛋是白色的，蛋壳很软也很薄，看来蜥蜴是要孵蛋了。这个玻璃罐是个很适合孵蛋的地方。经过一个多月，蛋壳破了，那些小蜥蜴睁开眼睛钻了出来，它们长得可真像它们的妈妈。

瞧！这一家子现在正在舒服地晒着太阳呢！看起来它们对自己的生活感到非常满意。

英勇的救援者——刺猬

一大早，玛莎就醒过来了，她胡乱地吃了几口饭，往身上套了件衣服，光着脚，就跑到森林里面去了。

森林里的山坡上长着可口的草莓，漫山遍野都是。玛莎很快就采了满满一篮子，她想送回家去，然后赶紧再回来。早晨的草莓最新鲜了。她像一头小鹿那样欢欣雀跃，一路蹦蹦跳跳地走在回家的路上。突然她滑了一跤，原来是被一个露出地面的树墩绊倒了，接着她感到脚底下一阵钻心的疼痛，不知道被什么东西扎了一下。玛莎痛苦地弯下腰去。

突然，她发现一只刺猬正蹲在树墩旁边，看来，玛莎打扰了它的美梦，这会儿它正在呼呼地喘着粗气。

玛莎心想：这是只可恶的刺猬。但是疼痛让她忘记了那只刺猬。她蹲了下来，用自己的衣服擦掉脚底下的鲜血，那只刺猬也瞪大了惊恐的小眼睛，盯着玛莎。

正在这个时候，一条大蛇突然冲着玛莎爬了过来，那条大蛇的样子非常诡异，背上有锯齿形的黑色条纹，一看就知道是一条毒蛇。玛莎惊呆了，她忘记了疼痛，吓得全身都软了。眼看着那条毒蛇越来越近了，玛莎能看清它吐着的血红的芯子，能闻到它身上那股腥臭味。玛莎把眼睛一闭，心想：完了，这一次小命恐怕没有了，这大清早，荒郊野地的，谁也不会想到我会跑到这里呀！【❀心理描写：把玛莎碰到毒蛇时绝望无依的心理表现了出来，也让读者为她感到紧张。】

可是过了老半天，玛莎还没有等到那条毒蛇，她困惑地睁开眼睛，发现那只刺猬正和毒蛇纠缠在一起。刺猬跳到了毒蛇的身上，咬住了毒蛇的头，用它那软乎乎的爪子使劲地击打着那条毒蛇。毒蛇极力地想挣脱，但是刺猬就像钉子一样钉在了毒蛇的身上。

也不知道从哪里来了力气，玛莎一骨碌从地上爬起来，不顾脚底的疼痛，一瘸一拐地朝家走去。

玛莎被树墩绊倒，痛苦地弯下腰，树墩旁的小刺猬正呼呼地喘着粗气

真正的凶手

这天晚上，一件谋杀案又在森林里发生了。这一次遇害的是一只可爱的小松鼠。事件发生以后，我们紧急赶往出事地点，对现场进行了仔细勘察。现场凌乱不堪，【🏹 **成语**：写出了案发现场一片狼藉的样子，从中可以看出现场肯定经历过一场激烈的搏斗。】树干上和树底下都留下了凶手的痕迹。根据这些线索，我们现在可以确定这个神秘罪犯是谁了。可以断定，以前在森林里发生的所有的谋杀案，都是出自这个家伙之手。

现场还留下了一个巨大的脚印，根据这个脚印我们可以断定，这肯定是森林杀手猞猁（shē lì）干的。它的确是一个残忍的家伙。

猞猁的孩子们已经长大了，这个时候猞猁妈妈正领着它的孩子们满树林乱跑，瞅准机会，它就会痛下杀手。可现在看起来，它是那样平静，在一棵棵树上爬上爬下。大家肯定会有疑问，为什么猞猁只在晚上作案？这是因为它有一对夜视眼，在晚上和在白天看得一样清楚。谁要是在晚上躲得不够严实，那就要遭殃了。

燕子的家

6月25日。现在每天醒来，我都会看到燕子在我的眼皮底下飞来飞去，它们是在忙活自己的新家。我真为它们的精神感动，一次衔来那么一点点泥巴，就这样，那个巢也慢慢地完成了。每天早上起来，它们就开始工作了，中午休息一会儿，又开始修修补补，用自己的唾液把那些泥土粘在一起，天快黑的时候，它们才会停下手头上的活。我在一边看着心里着急：它们为什么不停下来，等到泥土干一下再干呢？

时不时地，也会有别的燕子赶过来做客，如果大雄猫费多谢伊奇在屋顶的话，它们就会在房梁上待上一会儿，聊聊天，亲密地打个招呼。新居的主人是不会怪罪它们的，当然也不会赶它们走。

现在这个燕子的巢越来越像弯弯的月牙了，就像那由圆而缺、两个尖朝右的下弦月。

到现在我才明白，为什么燕子做的巢会是这个样子的，为什么会像一个弯弯的月牙。原来，两只燕子虽然共同筑巢，但是它们的速度是不一样的，雌燕子尽心尽力地干活，所以它的速度就快一些，而雄燕子呢，由于它干活不够专心，总是三天打鱼两天晒网，【◎俗语：运用俗语说明雄燕子干活不够专心，经常偷懒，让语言更加俏皮、活泼。】所以它的速度比较慢，这样，一个月牙就形成了。还有一个细节我想大家都没有注意，那就是雌燕子筑巢的时候头总是向左歪，而雄燕子筑巢的时候，头却总是朝右歪，这样的场景很是有趣，这可能也是它们的巢呈月牙形的一个原因吧！

看来这雄燕子可真够懒惰的，它的体格其实要比雌燕子的强壮很多，但是它却不懂得怜香惜玉，【◎拟人：运用拟人的手法写出了雄燕子和雌燕子分工不同，雌燕子会干很多活这一事实。】这可能是人和动物之间的区别吧。

6月28日。现在，燕子已经不再衔泥巴了，而是向里面铺一些干草和羽毛之类的东西，原来它们是要整理床铺了。看来它们很会过日子。这时我才明白，原来它们把自己的房子设计成月牙形是经过深思熟虑的，否则，两边一样高，燕子可就进不了自己的家门了。即便是这样，我对那只雄燕子还是颇有微词的：它也太不厚道了。其实它可以多干点，让雌燕子少干一点的。

今天，是雌燕子第一次留在新家里，我想它的心情肯定很激动吧！我们人类不也是这样吗？

6月30日。等到巢建好以后，那只雌燕子就不再到处乱跑了，它只是安静地待在窝里，我猜测它大概是产下鸟蛋了，这时候它就要担负起鸟妈妈的责任了。那只雄燕子也一改往日的懒惰，时不时地出去，不知道从哪里叼回许多小虫子，回来以后喂到雌燕子的嘴里，那感觉就是一对恩爱的夫妻。有时候，雄燕子还会唱上几句我们人类听不懂的歌，这时候两只鸟可高兴了。

这个时候，一群叽叽喳喳的燕子飞来了，它们带来了对新家的良好祝愿，同时也祝贺雌燕子快要当妈妈了。它们在这个小窝外面飞来飞去，时不时地探头朝里面看去，然后叽叽喳喳一阵子，最后飞走。这真是一群可爱的小家伙。

大雄猫费多谢伊奇是一个鬼鬼祟祟的家伙，它会不时地从房子下面蹿上来，向里面看看，贼头贼脑的。它是不是在惦记着那些还没有出生的小燕子呢？答案是肯定的。对此，那只雌燕子格外警觉，雄燕子也会时不时地发出警告。

7月13日。两个星期过去了，雌燕子一直待在自己的小巢里，只是在最温暖的上午，它才会出来一会儿，或者捉几只苍蝇之类的小虫子吃，或者到池塘边找点水喝，然后又立刻回到自己的巢中。看来这个妈妈确实是个尽职尽责的妈妈。可能这也是母亲的天性吧。

今天，情况突然有些变化，我发现两只燕子都忙碌起来了，它们不断地从巢里出来，又不断地进去。我看见，雄燕子的嘴里叼着一块白色的蛋壳。我想肯定是小燕子出生了。不一会儿，那只雌燕子嘴里叼着一条小虫子回来了。

7月20日。情况好像不太好，我看见大雄猫费多谢伊奇已经爬上屋顶了，它不怀好意地从房梁上倒挂下来，用爪子去逗弄那只刚出生的小家伙，小燕子只是可怜巴巴地瞅着那只大猫，发出轻微的叫声。

在这个生死攸关的时刻，一群燕子从远处飞了过来，黑压压的一大片。它们发出愤怒的叫声，朝着费多谢伊奇冲了过来。费多谢伊奇好像被激怒了，它从来没有见过这样一群不自量力的燕子。它的爪子朝这边一扑，差点就抓住一只燕子，燕子尖叫一声逃走了；它又伸出爪子朝另一个方向扑去，这次离那只燕子更近了。【❀场面描写：这一段燕群大战大雄猫的文字，把激烈惊险的场面描写了出来，生动传神。】

不过令人万万没有想到的是，由于用力过猛，它从横梁上直摔了下去。费多谢伊奇尖叫一声，不过已经来不及了，它重重地摔到了地上，半天没有缓过劲来。等它缓过劲来，才发现自己受了重伤，这个时候，它只能悻悻地离开了。

它知道了燕子的厉害，从此以后再也不敢去惹小燕子了。

森林通讯员　维利卡

燕雀母子

我的家中有一个院子，夏天来临的时候，院子里充满了勃勃的生机。

那一天，我正在院子里散步，突然落下来一只小燕雀，看起来它还没有长大，头上还有绒毛没有褪去。它惊恐地看着我，想要飞起来，但是怎么也飞不起来。

我想了想，还是把它带回了家，父亲告诉我把它放在窗户旁边，然后把窗户打开。

果然，过了不到一个小时，这只小燕雀的爸爸妈妈就过来找它了，嘴里还叼着虫子。

小燕雀在我家待了一整天，到了晚上的时候，我关上了窗户，因为怕冻着那只小燕雀，我就把它放进笼子里挂了起来。

第二天早上，我早早地就被吵醒了。那只小燕雀的妈妈正蹲在窗户上，嘴里叼着一只苍蝇，用无助的眼神看着小燕雀。看到这里，我赶紧从床上跳了下来，打开窗户，我想让那只老燕雀飞进来，然后我躲了起来。

可是让我想不到的是，那只老燕雀死活不敢进来。小燕雀一个劲地哀叫，它现在的确饿得厉害，同时它因为不能够和妈妈团聚，所以显得比较悲伤。终于，母爱战胜了恐惧，老燕雀飞了进来，并蹦到笼子前面，把苍蝇喂给了笼中的小燕雀。等到喂完以后，老燕雀就又飞出去找吃的了。趁着这个空隙，我把小燕雀从笼子当中放了出来，把它送回到院子里。我不愿意再看到它伤心了。

等到我再一次想到去看看那只小燕雀时，我发现它已经不在那个地方了，大概是被它妈妈领走了吧，我不知道它们是否会记得我这个可恶的家伙。

少年科学家的梦

一位少年科学家正准备做一个报告，报告的题目就叫作《我们要同森林和田野里的害虫做斗争》。

"如果要采用机械和化学的方法驱除甲虫，将花费13700万卢布。"少年科学家读着，"如果用手去捉1301万只甲虫，用火车来运输，会用掉813个车厢。""准确地算起来，为了和害虫做斗争，每公顷（1公顷＝1万平方米）的土地上每天至少需要20个人工作。"

少年感觉到头都大了，这么长的一串数字，就像蛇一样，拖着长长的尾巴在他的眼前晃过来晃过去，少年觉得眼前明晃晃的一片。"不去想了，还是睡觉舒服！"少年想着。

他大概太疲倦了，做了一整夜的梦。梦中有多得数不清的虫子，甲虫、幼虫、青虫黑压压地全部都从森林里爬了出来。它们迅速地爬进了田野里，一片片庄稼很快被它们吃光了。他用手掐，用农药喷洒那些害虫，却不见一丁点效果，那些害虫还是从四面八方源源不断地涌过来。它们所到之处，田地一片荒芜……【✗ 细节描写：这是一段关于梦境的细节描写，非常具体，说明少年科学家研究害虫非常努力，连做梦都在与害虫做斗争。】那惨烈的景象惊醒了做噩梦的少年科学家。

一大早起来，他发现情况并没有噩梦中那样糟糕。于是他及时修改了自己的报告，在报告中提出建议：在爱鸟日到来之前，一定要做出很多的椋鸟窝、山雀窝和树洞形鸟窝来，这样就会有大量的鸟出现在田野上。

那些鸟捉虫子的本领要比人的大得多，它们是那些青虫、幼虫、甲虫的天敌，并且它们杀掉害虫并不需要人类投入大量资金，只不过是需要一点时间来搭建一些鸟窝罢了。

金线虫

金线虫生活在江河、湖泊、池塘里，甚至普通的深水坑里都有它们的身影。那些年纪大一些的人把它们称作"死而复生的马的鬃毛"。据说，当你洗澡的时候，金线虫就会钻入你的皮肤，并且在里面游来游去，让你感到非常痒，那种滋味令人很不好受。

金线虫有着棕红色的粗毛发，像一根用钳子夹断的金属丝那样坚硬。把金线虫放在石头上，用另一块石头去打它，它都不会受到任何伤害，还是那样不断地伸长、缩短，甚至会盘成一个团，任凭你摆布，让人哭笑不得。

【🔍成语：用这个成语表明了人们对金线虫无可奈何的心情。】

金线虫是一种脑细胞没有发育的软体动物。雌金线虫将卵产在水中，时机成熟的时候，它们就会变成带有角质和钩刺的小幼虫。它们依附水下的昆虫而生存，昆虫的外皮完全把它们盖住。如果不出什么意外，它们会一直长大，但是一旦有什么意外发生，它们的生命也就结束了。如果侥幸找到新的宿主，它们还是可以存活下来的，直到长大。这时候它们就会变成没有脑细胞的金线虫，在水中游来游去，吓唬那些没有辨别能力的人。

人和蚊子的战争

国立达尔文公署的办公区建在一个半岛上。它的四周是雷滨海，这是一个新形成的海域。以前，这里是一片森林，海水也很浅，到现在有些地方还能看到树的影子。由于是淡水，而且温度适中，这里就成了蚊子繁衍生息的地方，尤其是夏天，蚊子就更加凶猛了。

这些饥饿的蚊子钻进科学家的实验室、厨房、卧室，搞得他们的生活失去了规律，工作提不起精神，饭吃不香，觉也睡不安稳。于是一场人与蚊子的战争开始了。

晚上，办公区的每一间房子里都响起了噼里啪啦的枪声。可能有人会问"是不是出什么事了"，当然没有，只不过是这些人正在用霰弹枪打蚊子罢了。

枪里并没有装上子弹，也没有铅弹，只不过是装了一些打猎用的火药。他们把这些火药装到了带有引线的子弹壳里面，再将子弹壳里装上杀虫粉，用塞子塞住，这样杀虫粉就不会漏出来。

一开枪，杀虫粉就弥漫了整个办公区域，这些蚊子无处藏身，只能引颈受戮，【✿成语：用这个成语形象地说明了蚊子对杀虫粉的威力感到无能为力，只能等待毙命的事实。】不一会儿，那些蚊子就被消灭光了。办公区里恢复了安静。

活的测钓计

记得曾经有人说过："如果你准备去钓鱼，你只要先从鱼市里买几条小鲈鱼回来，把它们放到鱼缸里或者其他玻璃器皿里，时不时地看上几眼，你就会知道哪天能够钓到鱼了。"事实也的确如此，只要你在钓鱼之前喂喂这些鱼，它们如果争先恐后地抢东西吃，那么今天你的收获肯定不小，否则的话，你将会无功而返。如果它们不肯吃东西，那就说明天气不好，或者还会有暴风骤雨。这是为什么呢？因为鱼对天气的变化是很敏感的。根据它们的生活习性，你就可以推断出天气的变化，这样你就可以确定行程。

每一个钓鱼爱好者都不妨试一下这个方法，我想你肯定会有意想不到的收获的。这比你去看天气预报还要准确得多。

威力无比的龙卷风

天边飘过来一片黑漆漆的乌云，形状很像大象。当大象的鼻子指向地面的时候，大地上顿时扬起尘土，飞沙走石，很是壮观。我们看见这片乌云旋转着，越来越大，就像滚雪球似的，形成一根巨大的云柱子，大象背着这根巨大的云柱子，又跑到别的地方去了。

当这片乌云跑到一个城市的上空的时候，突然间停住不动了，一场大雨倾盆而下。真是好大的雨呀！顿时整个城市里奏起了雨的交响乐，打在屋顶上的，打在撑开的伞上的，打在锅碗瓢盆上的，混成一片。真奇怪，为什么会有那么多的东西活蹦乱跳？原来是蝌蚪、蛤蟆还有小鱼，它们从天而降，给这个城市带来了乐趣。

后来大家终于弄明白了，原来这片形状像大象的乌云被龙卷风带着，从一个湖泊里面吸起了大量的水，当然也连同水里那些生物都给吸了起来，在天上飞行了好长一段时间以后，遇到城市上空的热气流，形成了对流，这些鱼呀，虾呀，蝌蚪哇，才有机会掉下来，然后龙卷风又奔向另一个地方。

我的读后感

　　这一部分通过描写发生在森林中的事，给我们展现了一个生机勃勃的动植物世界。读过之后，令读者有一种身临其境的感觉，也让读者有了想到森林中去走一走、去了解大自然的愿望。

绿色朋友

我们的森林曾经是那样广袤无垠。

可是以前这片土地的主人只知道无限制索取，不知道去保护它。人们无节制地砍伐树木，破坏森林，导致土地大面积沙化，甚至出现了沙尘暴。每当大风袭来，黄沙漫天，黄沙吞噬了田地，笼罩了城市，破坏了人类赖以生存的环境，这真是一件让人追悔莫及的事情。

当江河湖泊的旁边没有了森林的庇护，水就会干涸，沙漠化就会越来越严重。

值得庆幸的是，现在人们终于意识到了沙漠化的危害，赶走了不爱惜森林的人，亲自掌管这片土地。他们付出了巨大的努力，向热风、旱灾、沙灾和沟壑开战。

这其中最主要的行动就是植树造林，绿化我们共同的家园。

只要有江河湖泊的旁边没有植物，完全裸露在太阳的曝晒下，我们就在那周围植树造林，保护它们。当一道道屏障竖起来的时候，它们就会遮住江河湖泊的一部分，不让太阳烘烤它们，同时也会使空气变得湿润起来。

当广阔的田野遭受袭击的时候，我们同样也会这样去做。这样热风就不会迎面而来，因为有了森林的抵挡，农田就会免遭破坏。

土地塌陷了，沟壑扩大了，这是十分危险的征兆，我们一定要想办法避免灾难的发生。办法同样是植树造林。森林用它那强有力的巨手牢牢地抓住每一寸土地，给它力量，不给沟壑任何喘息的机会来蚕食日益萎缩的土地。

【✿动词：“蚕食”这一动词形象地说明了土地沙化给人类带来的巨大危害，它会一点一点地把土地吞噬。】

现在这一征服旱灾的斗争还在如火如荼地进行着。

植树造林

季赫温斯基区正在植树造林，那里过去是一片过度采伐的地区。这里230公顷的森林已经被砍伐殆尽，现在是光秃秃的一片。为此，我们在这片土地上种上了松树、云杉还有西伯利亚落叶松。植树的时候，我们的心情是愉悦的，我们甚至已经开始畅想在不久的将来，一大片森林将会为整个列宁格勒重新带来勃勃的生机，到那个时候，我们就再也不会发愁了。【👁心理描写：通过联想和想象，展现出植树造林给"我们"带来的极大好处。】

我们还在那里建立了一个苗木厂，培育了一大批可以用作建筑材料的树苗。

当然果树和用作橡胶材料的灌木也在我们的培育计划之中，这些在不久的将来都会实现。

● 写一写，练一练

1. 注音。

广袤无垠（　　　）　吞噬（　　　）

2. 造句。

索取——_____

畅想——_____

森林中的战争

（续前）跟草族和小白杨一样悲惨，年轻的白桦树的命运也发生了巨大的转变，它们被云杉消灭了。

现在，云杉成了那块砍伐地上的霸主，再也没有谁能与它们为敌了。我们的森林记者决定到另一块曾经被砍伐过的土地上去看看，那里三年前被大肆砍伐过，成了不毛之地。

在那片土地上，我们看到了这些新的统治者——云杉在战后第二年的情况。看起来，它们的情况并没有像它们刚成为统治者时那样乐观。很显然，它们正面临着巨大的困难。

我们的森林记者看到它们有两大缺点。一是它们的根虽然扎的面比较广，但是深度不够。秋天时，开阔的土地上狂风肆虐。许多幼小的云杉被大风刮倒了，有的还被连根拔起。二是幼小的云杉十分怕冷。云杉上所有的幼芽都没有熬过寒冷的冬天，弱一点的树枝都被吹断了。所以，在春天来临的时候，那片曾被云杉征服的土地，竟然连一棵小云杉都没有留下。

由于云杉并不是每年都有种子可以收获，所以虽然它们很快就取得了胜利，但是并没有很牢固的根基。<u>真是可惜，在很长一段时间内，它们将失去对这片土地的统治权了。</u>【❀做铺垫：这一句话为下文写小白杨、小白桦与云杉的战争做了铺垫，引起读者的阅读兴趣。】

新春一到，蓬勃生长的野草就钻出了地面，立刻投入了战斗。

现在，与它们争夺这片土地统治权的是小白杨和小白桦。

小白杨和小白桦都已经长得很高了，它们可以很轻松地将身上的野草抖搂干净。就在年前，那些野草还缠在它们身上，紧密地包围着它们，冬天的时候，这些野草枯萎了，像一层厚厚的棉被盖在大地上。这些枯草腐烂以后，产生了巨大的热量，这正好帮助小白杨、小白桦们抵挡冬季的寒冷。当新的小草出生以后又可以保护刚长起来的树苗，这样早霜就不会袭击它们了。

那些瘦弱的野草再也不能阻挡小白杨和小白桦了。它们明显落后了，它们只是长出了那么一丁点，就被小树压住了。

当小树长到比草还要高的时候，它们就立刻把自己的枝叶伸展开来。白杨和白桦的叶子虽然不像云杉的叶子那样又浓又密，但是比云杉的叶子要宽

得多，这使得它们照样能抵挡住毒辣的阳光。

一开始的时候，这些小草还感觉不到压力，但是时间一长，它们就受不了了。这些小白杨和小白桦像草一样疯长，它们比小草更团结，根连在一起，手握在一起，把小草赖以生存的阳光夺走了，虽然小草还在竭尽全力地反抗，但是已经无能为力了。小白杨和小白桦已经占据了绝对的优势。

没过多久，这些小草就都寿终正寝了，【✦**成语：**运用这一成语，写出了小草们的结局，同时也使得语言幽默，富有表现力。】第二年的胜利属于小白杨和小白桦。于是，我们的森林记者又打算到第三块被砍伐过的土地上去看看是怎样的一种情况。

他们在那里又有什么新鲜的发现呢？在下一期《森林报》上，我们会继续为您详细报道。

钓钩从不落空

钓鱼与天气

钓鱼与天气是紧密地联系在一起的。

夏天来临的时候，大风和暴雨都把鱼赶到深坑、草丛、芦苇丛这样相对安静的地方去了。这样的天气如果持续几天，所有的鱼都会变得没精打采，即便你给它们最可口的鱼食，它们也不愿意吃。

当天气变得越来越炎热的时候，鱼就会寻找一些凉爽的地方——比如泉眼的附近。在那里，泉水一个劲地向上冒，四周的水就会变得清凉起来。在这个时候，只有早晨和晚上，鱼才会出来找点东西吃，因为那时，热气还没有升起或者已经消退。

当夏天真正干旱的时候，河里和湖里的水位会下降很多，这个时候鱼就会躲进深坑。可是坑里的食物是很少的。如果想钓到鱼的话，你只需要找到一个这样的坑就行了，尤其是当你想用鱼饵钓鱼，那就更需要这样做了。

最好的鱼饵当然是麻油饼了，用一个平底煎锅煎一下，然后捣烂，将它和煮烂的麦粒、米粒或者豆子搅和在一起，或者撒在荞麦粥、燕麦粥里。这样，麻油饼味的鱼饵就做成了。<u>【 细节描写：详细生动地介绍做鱼饵的过程，其美味也就可想而知了。】</u>这种味道的鱼饵，鲫鱼、鲤鱼和许多别的鱼都喜欢。

如果每天都去喂它们，它们习惯这个味道以后，用不了几天，那些像鲈鱼、梭鱼、刺鱼、海马之类的肉食鱼也会跟着它们游过来找食吃。

当阵雨或者雷雨来临的时候，水温会变得很低，这样就会大大刺激那些鱼的食欲，使得它们的胃口变得更好。下过一场雾之后，天气十分晴朗的日子里，鱼也是很容易上钩的。这个时候是钓鱼的最佳时机。

根据晴雨表，鱼上钩的情况，以及云彩、夜雾和露水的多少，我们每个人都能学会如何去预测天气。当天空中出现鲜明的紫红色霞光的时候，说明这时候空气里的水蒸气很多，是要下雨的征兆。当有金粉色的霞光出现的时候，说明空气是干燥的，最近几个小时都不会有雨。

钓鱼的绝活

在通常情况下，人们都是用带浮漂或不带浮漂的普通钓鱼竿钓鱼。当然，也有利用绞竿钓鱼的，除这些方法以外，还可以乘着小船去钓鱼。方法是这样的：准备好一根结实的约50米长的绳子，在拉手的位置上接一段钢丝或者牛筋之类的东西；预备一条假鱼，把它拴在事先准备好的绳子上，拖在小船的后面，不要太远，25～50米就可以了；小船上有两个人就可以了，一个人划船，另一个人控制绳子的长度。假鱼在水底或者水中，看上去好像在游，这时候那些肉食鱼，像鲈鱼、梭鱼、刺鱼就会立刻扑上来吞掉它，这时

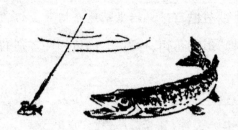

绳子会不停抖动。钓鱼的人凭借这个就知道有鱼上钩了，于是他就逐渐把绳子收起来，一条好大好大的鱼就这样被钓了上来。

采用这种钓鱼方法的最合适的场所是那些悬崖峭壁下的深水中、水的四周有被强风刮倒的树木或者周围长满了丛生的灌木的地方；水面宽阔的芦苇丛也是比较合适的运动钓鱼的场所，这时候你要沿着河岸的深水区，在比较开阔的水面上行驶；当然石滩和浅滩上也是可以的。你钓鱼的时候，最好让船走得慢一点，尤其是在风平浪静的时候，更应该这样，因为鱼的感觉是很灵敏的，就算是隔得很远，那些狡猾的鱼也会听到划水的声音，这个时候它们就不会上钩了。即使你本领再高，也是徒劳。

捉小龙虾的方法

5月、6月、7月、8月，这些月份是捉小龙虾最好的月份。

要捉小龙虾，我们就必须首先了解其生活习性与出没的规律。

小龙虾是由虾子孵化出来的。虾子孕藏在雌虾的腹足（河虾有10只脚，最前面的一对是钳子）里和虾颈（尾巴下方的区域）里，它们的数量很多，多的时候可以达到100粒。

这些虾子在虾妈妈身上生活了一个冬天，夏天来到的时候，小龙虾就被孵化出来，它们像极了一群小蚂蚁，会在水中慢慢地长大。那么小龙虾是在哪里度过这寒冷的冬天的？这个问题现在已经不是个问题了。不过在以前，只有那些最聪明的人才知道那些小龙虾就在河岸和湖岸上的小洞穴里过冬。

刚孵化出来的小龙虾在第一年要换8次壳（这是它们的外骨骼），成年之后，就变成一年换一次了。由于刚换掉外皮，小龙虾浑身赤裸裸的，那些肉食鱼最喜欢这种脱掉外壳的小龙虾，所以小龙虾只能躲在深深的洞里，等到身上长出了坚硬的外壳之后，它们才敢再次出来。

小龙虾一般喜欢在夜里出来，它们白天是躲在洞里不肯出来的。但是，它们一旦发现了食物，就不管是白天还是晚上了，会立刻从洞里跳出来捕捉食物。这时，水底会冒上来一串串气泡，这就表明它们出动了。水里的一切小鱼、小虫，都是小龙虾的美餐。但是，最可口的还要数那些腐烂的肉类。不管有多远的距离，小龙虾都能闻到这股腐烂的气味。

那些捉小龙虾的人找准了这条规律，他们总是用小块的臭肉、死鱼、死蛤蟆什么的做诱饵，当那些小龙虾逐臭而来的时候，它们的噩梦就开始了。这时候那些捕捉小龙虾的人就会趁机捉住它们，于是它们就成了人们餐桌上的一道美味。

他们把诱饵系在虾网上，把虾网浸到水底固定住，用细绳把虾网系在长竿的一端，当这些小龙虾进入网当中觅食的时候，它们就自然而然地被捉住了。采用这种方法抓小龙虾，成功率几乎是百分之百。当然还有更复杂一点的捉虾方式，我们在这里就不一一介绍了。

最简单、最实用的方法是在浅水区捉，你只要蹚水就能够找到虾洞。只要你足够大胆，用手捉住小龙虾的背部，就可以直接把小龙虾从洞里拖出来了。不过你最好还是小心一些，因为有时候那些小龙虾会冷不丁地夹住你的手指头。但是只要能捉到这些可口的东西，疼一点又算什么呢？

要是有一口小锅的话，我相信你一定会迫不及待地把葱、姜和盐放进去，【❀成语：运用这个成语，说明人们急切地想吃到味道鲜美的小龙虾的心情。】煮上一锅水，然后再把小龙虾放进去，那味道真是美极了。

当讲到这里的时候，我的口水都要流出来了，这真是一件十分惬意的事情啊!

我的读后感

　　这一部分主要讲述了钓鱼的方法和捕捉小龙虾的方法，描写得非常具体，给读者留下了十分深刻的印象，同时也使我们感受到：到夏季的森林里去是一件妙不可言的事情，不仅能饱眼福，还能饱口福。

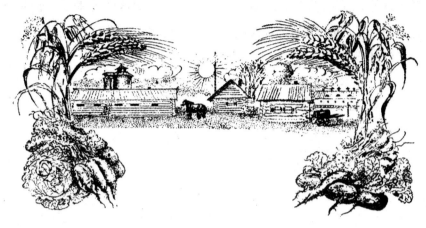

乡村日历

黑麦长到一人多高了，花开得正艳。田公鸡——灰山鹑正带着自己的老婆和孩子在麦田里悠闲地散步，那些小山鹑刚刚出生，长得非常可爱，就像一个个黄色的小绒球一样，它们走起来的时候，就像在麦田里滚动似的。【★ 比喻：把刚出生的小山鹑的外形和走路的样子比作"黄色的小绒球""在麦田里滚动"，生动地表现出小山鹑的可爱模样。】

大家都在割草。有的用镰刀，有的用割草机。当割草机在草场上过去的时候，随着割草机的声响，一排排像直尺一样竖立着的芬芳多汁的高高的牧草就齐刷刷地躺在了割草机的后面。那场景颇为壮观。

菜园里的葱已经长得很高了，绿油油的，现在孩子们正在菜园里拔葱。

这个季节正是采浆果的最好季节，那些男孩和女孩这个时候是最高兴的。在那些向阳的山坡上，熟透了的草莓吸引着这些男孩女孩。当然吸引他们的不止这些，还有黑莓果和覆盆子。沼泽地里的桑叶悬钩子，也已经到了成熟的季节，它们由白变红，由红变黄，直至呈金黄色，这当然也吸引了不少的小孩子。这个时候，你如果来到森林里，肯定能吃到不少这样可口的野果。

对于这些孩子来说，最大的乐趣莫过于去采摘这些野果了。但是这个时候也是家里最忙的时候，当大人们干不过来挑水、浇菜园、锄草这些活的时候，孩子们就成了劳动力。

农庄里的新闻
（尼·巴甫洛娃）

牧草的委屈

最近牧草们老是抱怨人们欺负它们。【拟人：巧妙地运用了拟人的修辞手法，把牧草的委屈写了出来，让人感到非常亲切。】

牧草们刚刚准备开花的时候，就有一群人把所有的牧草都齐根割了下来。他们丝毫不会去想那些牧草刚刚开花，白色的小花还有沉甸甸的花粉，其实真的是很美好的景致。

在这个时候，牧草们只有重新生长，但是长大以后的牧草同样难逃被割掉的悲惨命运，也难怪它们要抱怨了。

我们的森林记者调查了整件事情的经过。原来，这些人是想把牧草割下来作为他们冬天给牲畜的口粮。所以，如果照这样说来，那些牧民是没有什么错误的。

神奇的农药

最近出现了一种神奇的农药，它像会变戏法一样，能把那些田间的杂草除掉。

如果把这种农药喷到杂草上，杂草就会马上死去。对于这些杂草而言，这就是它们的克星。

但是，要是把这种农药喷到谷物上，那些谷物却没事，它们还会像以前一样生长得十分旺盛。对于这些农作物而言，这种农药是它们的催长剂，不但提供给它们必要的水分，而且能够杀死它们的敌人——杂草。

受到太阳伤害的小猪

在"共青团员"集体农庄里，有两只小猪崽在出去玩的时候，被强烈的阳光灼伤了脊梁。在被灼伤的地方，长出了一大片水疱。农场的主人立刻请来了兽医。兽医给了它们很好的治疗，并且告诉农场主：天气炎热的时候，禁止小猪崽到处乱跑，即使和猪妈妈一起出去也是不行的。

神秘的失踪

不久之前，"河岸"集体农庄里两位来避暑的女客人忽然神秘地失踪了。大家找了很长时间，终于找到了她们，她们正在离村庄3000米远的干草垛旁边坐着，眼神很迷茫。

经过询问，我们知道事情的经过是这样的：早晨起来的时候，她们沿着淡蓝色的亚麻田里的一条路到河边去洗澡，但是，等到午后，她们却找不到那块淡蓝色的地了，就这样她们迷路了。

那是因为她们不知道，早晨的时候，亚麻是会开花的，而到了上午，那些花就凋谢了，亚麻田的颜色也由淡蓝色转而变成了绿色。所以在不明白的

兽医医治被太阳灼伤的两头小猪，农场主在一旁帮忙

情况下，那两位女游客就迷路了。

珍惜每一颗粮食

早上起来的时候，集体农庄的母鸡就高兴地出发了，目的地是收割过的麦田，一路上，它们欢歌笑语，很高兴。【✿拟人：运用拟人的修辞手法，把母鸡们出发去吃麦粒的高兴劲描写了出来。】这是它们一年当中最快乐的时候。

这些麦粒是不能够随随便便就丢弃的，因为这是老百姓的血汗换来的，所以人们就把这些母鸡带来。现在这里成了这些母鸡的天地了，它们愉快地在地上啄食，不让一颗麦粒留下。等到所有的麦粒都被捡完以后，这些母鸡就又被装上汽车，运送到下一个目的地，继续它们的美餐去了。整个夏季，它们就是在这样的旅行当中度过的，这也算是它们的一次免费疗养吧！

绵羊妈妈很着急

绵羊妈妈们现在非常着急，因为它们的宝宝被人牵走了。不过这也很正常，总不能让这些半大的小羊羔，还跟在妈妈的屁股后面转吧，应该教会它们如何独立生活了。以后，这些小羊羔就要独自去吃草了。

到城里去

夏季到来的时候，有些浆果，比如树莓（马林果）、醋栗、茶藨果都已经快要熟了。这时候它们就应该到它们该去的地方了。我们的果农们要把它们运到城里去。

醋栗是最勇敢的，它说："让我去吧，我能够坚持，越早越好。趁我现在还没熟透，还是硬的，早些走吧。"

茶藨果的信心好像并没有那么足，它说："只要认真点包装，我还是能到那里的。"

可是树莓（马林果）没有信心，它说："还是把我留在这里吧！我最怕坐车了，一坐车浑身就都散架了，弄得跟一团糨糊差不多。我希望留下来，这样，我的身体就不会受到损伤了。"【 语言描写：这几段语言描写生动形象，写出了三种浆果各自不同的特征。】

混乱的餐厅

在"五月一号"集体农庄的池塘里，有几根小木桩露出水面，木桩上有个标志牌上面写着"鱼的餐厅"。在每一个这样的水下餐厅里，都放着一张大桌子。当然餐厅里并不需要椅子。

每天早晨，木桩周围的水都会沸腾：这些鱼焦急地等待着开饭。但是它们的纪律性是很差的：你推我，我挤你，乱成了一锅粥。

到7点的时候，工厂厨房的工人师傅们坐着小船来到了这里。他们送来了这些鱼的早餐，有土豆、杂草种子的团、晒干的小虫子，还有其他许多好吃的东西。

这时候，餐厅里的鱼就更疯狂了，你争我抢，闹得不可开交。每个餐厅至少都有400条鱼。

毛毛虫的天敌

在我们的村庄旁边有一片小橡树林，平日里很少有杜鹃飞过来，最多的时候，也就是飞过来两次，它们在这里叫上几声就飞走了。可是今年夏天，我却经常听见杜鹃的叫声。有一次，人们把一大群牛赶到了树林里乘凉。可是到了吃午饭的时候，那些牛却突然像发疯了一样，吓得牧童们大喊大叫。

我们赶到树林里，顿时惊呆了。那场景真是可怕！我看见一些母牛到处乱跑，它们不停地用自己的尾巴抽打自己的背，还时不时地把头往树上撞去，真像是疯了一样。估计再过一会儿，那些母牛就把自己撞死了，或者它们会把我们踩死呢。【❀场面描写：这一处场面描写，传神地写出那些母牛被毛毛虫逼得像疯了一样的状态，让读者如亲眼所见。】

我们急切地想知道这到底是怎么回事。

原来都是因为这些毛毛虫。这些褐色的毛毛虫，浑身毛茸茸的，爬满了整棵橡树，把树枝啃得光秃秃的，树叶也都被吃得干干净净。那些毛被风一吹，就飘落下来，刮进了母牛的眼睛，母牛痛得难受，所以就出现了刚才那种让人心惊肉跳的场面。

正在这个时候，一大群杜鹃飞了过来，我从来没有见过这么多杜鹃。除了杜鹃之外，还有其他的鸟。美丽的黄鹂、可爱的松鸦，也都飞了过来，看来它们是冲这些毛毛虫来的，这些毛毛虫要遭殃了。

结果是可想而知的，那些毛毛虫全部被消灭了，橡树林又重新焕发了生机。这些鸟可真行！如果不是它们的话，橡树林可能就没有明天了，那后果简直不堪设想。

尝试一下

在那些露天的饲养家禽的场子里，或者是没有盖子的笼子上，你可以交叉拉一些绳子，这样做是为了防备那些食肉的鸟，比如猫头鹰、雕之类的。这些鸟经常在半夜里来偷吃家禽，如果它们来了，就会碰到这些绳子上，这样它们就倒挂在上面，因为怕摔着，所以它们一动也不敢动。等到天亮的时候，那些农场主就可以把这些图谋不轨的家伙取下来了。【★成语：用这个成语传神地写出了猫头鹰、雕之类的鸟想偷吃家禽的计划落空。】

其实大家都可以这样去尝试一下，看看是不是能够有一些意外的收获。

我的 好词好句积累卡

抱怨　迷茫　沉甸甸　欢歌笑语

每天早晨，木桩周围的水都会沸腾：这些鱼焦急地等待着开饭。但是它们的纪律性是很差的：你推我，我挤你，乱成了一锅粥。

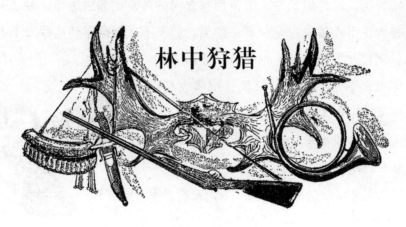

林中狩猎

夏天的战争

夏天到来的时候，我们人类有很多敌人，比如那些鸟哇，兽哇，都能够成为我们的敌人。所以一到夏天，我们就要想办法来对付这些敌人了。

菜园里，你刚刚种上蔬菜，又浇了点水。可是，很快就有一些小鸟还有野兽来偷吃这些蔬菜了。以前，还会有人在菜园里放置一个稻草人，用来驱赶麻雀和其他的小鸟，但是现在这一招似乎不管用了，因为那些鸟也学聪明了。

不只是这样，菜园里还有这样一些敌人，它们不怕稻草人，有时候即使是人过来了，并且带着火枪，它们也不害怕，因为它们自有逃脱的方法。所以对付它们的时候，就要动点脑筋、想点办法了。它们虽然个头不大，可是却很难对付。

菜园保卫战

一场发生在菜园里的战争开始了。蔬菜上面出现了一些小虫子，它们均有着两条白色的条纹，在菜叶子上面蹦过来蹦过去，那些蔬菜就遭殃了。这种虫子叫跳螂，它们是菜园里危害极大的虫子，从它们出现到毁灭整个菜园用不了三天时间。

更可恨的是，它们还要把那些没有长好的青菜叶子全部都毁掉，萝卜、芜菁、冬油菜和甘蓝是最怕这种跳螂的。

所以一旦有跳螂出现，我们一定要在第一时间消灭它们。

我们可以准备一个系有小旗子的长矛，在上面涂上厚厚的一层胶水。拿着这种小旗子到菜园里去，在垄沟之间来回走上几遭，同时挥动手中的小旗子，注意不要让胶水碰到蔬菜，这样跳螂一蹦，就被胶水粘住了。但是千万记住，这只是战争的开始，要真正把这些虫子消灭掉绝对不是轻易就能够做到的。

还有一个可行的办法，就是在早上菜叶上面还沾满露水的时候起床，用一面小筛子，把炉灰、烟灰或熟石灰撒在菜叶上，这样就能够有效地除掉害虫了，并且这些东西不会对蔬菜产生危害。

蛾蝶的危害比跳螂还要大。它们把卵产在菜叶上，这些卵会变成菜青虫，它们专啃菜叶和菜茎。对付这些蛾蝶我们绝对不能够心慈手软，否则后患无穷。【 成语：这个成语说明我们对待蛾蝶一定要做到除恶务尽，因为它们的危害是相当大的。】

我们来认识一下到底有哪些蛾蝶危害我们的菜园：白天，翅膀上长有黑色斑点的白菜粉蝶和颜色一样、个头较小的萝卜粉蝶危害最大；到了晚间，身子较小、翅膀下垂、身体的前半部是黄色的甘蓝螟，浑身毛茸茸的棕灰色的甘蓝夜蛾，以及菜蛾是主要的杀手。

同这些蛾蝶的战争是惨烈的，通常情况下，我们必须赤膊上阵，只要找到它们的卵，直接捏碎就解决根本问题了。当然我们也可以采取对付跳螂的办法，往菜叶上撒炉灰、烟灰或熟石灰，这同样也能够解决问题。

同蚊子的战争

我们人类还有一类敌人，那就是蚊子。蚊子比跳蝻、蛾蝶更可恨，它们可以直接对人类发动攻击。

你会看到在静止的水中有一些毛茸茸的小动物游来游去，同样地，你也能看到一些小蛹，它们长得极不协调，头上还带着触角，其实这就是蚊子的幼虫。

一般情况下，它们生活在水中、沼泽地里，还有沼泽的旁边，许许多多的蚊卵黏在一起，共同生活，长大的时候，它们就成为为害一方的坏家伙。

两种蚊子

蚊子大体上可以分为两种：一种蚊子咬过人之后，人只是有点痒，起个红疙瘩也就完事了，这种蚊子是普通的蚊子，没有什么大的危害；但是另外一种可就不同了，当这种蚊子咬过你之后，你的身体一会儿发热，一会儿害冷，科学家们把相关疾病叫作"疟疾"，也叫"冷热病"。【❀对比：运用了对比的修辞手法，详细地说明了普通蚊子和另一种蚊子的不同危害。】这种病很容易反复，如果治疗得不彻底的话就会重新发作，所以对待这种蚊子，我们要格外小心。从外表上来看，这两种蚊子的外形极其相似，唯一不同的是雌疟蚊的吸吻旁边有一双触须。它的吸吻里含有病菌，当蚊子咬人的时候，那些病菌就会进入人的血液，血液的成分遭到破坏，这时候人就会生病。

但是一般情况下，人们是发现不了问题的，只有在高倍显微镜下面仔细地研究蚊子的血液，人们才会有所发现。

要想消灭掉蚊子，仅仅用手是不行的。

当那些孑孓（蚊子的幼虫）还在水里的时候，科学家就开始想办法对付它们了。

从沼泽地里弄上一碗水来，然后装到瓶子里，再向里面滴上一两滴煤油，你观察一下就会发现水里有了变化。这时候，煤油会四散开来，原来这些水中就有蚊子的幼虫。那些小东西在水中憋得透不过气来，极力想冲出水面，你看它们一会儿沉到水底，一会儿又浮上来。但是它们的这种挣扎是徒劳的。

那些煤油把整个水面都密闭起来，没有留下一点空隙，那些子了根本没有办法呼吸，最后它们就憋死了。

沼泽地里的蚊子，已经严重地影响了人们的生活，于是人们开始用这种方法来消灭蚊子。

如此下去，过不了多长时间，那些沼泽地里的蚊子就会被消灭殆尽。

这是一个持久战，当然人们不仅仅采用这种方法来消灭蚊子，他们还有其他的方式。

神秘杀手

森林里发生了一起关于小牛的凶杀案。一个小男孩从森林里跑了出来，一边跑一边喊："不好了，不好了！小牛被野兽吃了！"

那些挤奶女工一听到这个消息就哭起来，因为那头小牛是我们这里最好的小牛了，它曾经在展览会上得过大奖呢！她们都不干手里的活了，立刻朝森林里跑过去。在那片森林里的牧场上，那头小牛的尸体就在那里。不过它的乳房被咬掉了，脖子后边也给撕破了。奇怪的是，其余的地方并没有什么伤痕。

"肯定是可恶的熊干的。"猎人谢尔盖说，"它总是这个样子：把猎物咬死了之后就扔在那个地方，等到肉变臭了才过来吃掉。"

"一定是这个样子的，没错！"猎人安德烈点着头附和道。

小男孩从森林里跑了出来，一边跑一边喊

  "现在大伙都走吧！"谢尔盖说，"今天晚上我们在这棵树上搭一个棚子，即便今天晚上那只熊不来，明天夜里它也一定会来的，到时候我们肯定能为这头小牛报仇。"

  不过猎人塞索伊奇并没有说话，他个头小，在人群里显不出来，所以人们并没有注意到他。

  "和我们一起在这里守着，没有问题吧？"谢尔盖和安德烈转过头去问塞索伊奇。

  塞索伊奇没有说话，而是转身走到另一边，在地面上观察。

  "这不可能啊，"他说，"熊是不会到这里来的。"

  谢尔盖和安德烈对视了一下，异口同声地说："随你便吧。"

人们逐渐散去了，塞索伊奇也随着人们走了。

谢尔盖和安德烈两个人一起动手，在一棵松树上搭起了棚子。

过了不久，塞索伊奇又回来了。不过这次他手里多了把手枪，后面还跟着小猎狗小霞。

他又仔细地勘察了一下现场，很认真地看了看周围的那些树，然后他就出发了。

这天晚上，谢尔盖和安德烈一直在棚子里等待着那个凶手的到来。

一整晚过去了，野兽没有出现。

第二晚，那只野兽还是没有来。

第三晚，还是这样！

两个人突然对自己的判断失去了信心："大概我们真的错了，塞索伊奇注意到了一些细节，而我们没注意到，凶手可能并不是熊。"

"那么我们去问他，好不好？"

"问谁呀？那只熊吗？"

"不是，我们去问塞索伊奇。"

"也只能这样了，走吧。"

于是，他们就离开了棚子，正好塞索伊奇刚刚从森林里回来，显得很疲惫。

一个大袋子放在他的脚边，他正在仔细地擦着猎枪。

"我们正找你！"谢尔盖和安德烈说，"你的话是对的，凶手可能并不是熊。你是怎么知道的，能告诉我们吗？"

"你们听过熊把小牛咬死，却只啃乳房，而把牛肉扔下不管这样的事情吗？"塞索伊奇问他们两个。

他们俩，你看看我，我看看你，摇了摇头。

"难道你们没有看清楚地上的脚印？"塞索伊奇继续问。

"我们倒是看到了，凶手的脚印的间距很宽，有20多厘米。"

"那脚爪印呢？"

两个人回答不上来了。

"好像并没有哇！"

"这就对了，如果凶手是熊的话，那么一眼就可以看到脚印了。现在我想问你们，什么野兽走起路来缩着爪子？"【🖋 **对话描写**：通过这一段对话，表现出塞索伊奇准确的判断和良好的逻辑推理能力，说明他是一位非常优秀的猎人。】

"是狼吧？"谢尔盖猜测道。

塞索伊奇笑了："你的经验见长了！"

"别胡说了！"安德烈说，"狼的脚印只比狗的大一点、长一点罢了，只有猞猁走路的时候才会把爪子缩起来，它的脚印是圆的。"

"这不就行了！"塞索伊奇说，"凶手就是猞猁。"

"你不会是开玩笑吧？"

"看看我包里的东西你们就会相信的。"

谢尔盖和安德烈跑过去，把绳子解开，一张红褐色的有斑点的大猞猁皮映入眼帘。

原来，凶手真的是猞猁！不过塞索伊奇是怎样到树林里追上这只猞猁，又是怎样把它打死的，这事只有他自己和他的猎狗小霞知道。他从没有提起过这件事情，看来这是一个谜了。

猞猁攻击小牛这种事我们很少听说，可却在我们这里发生了。这真是"大千世界，无奇不有"哇！【◎俗语：运用这个俗语说明在森林里什么样的事情都有可能发生，森林的奇妙与复杂也正是它的吸引人之处。】

我的读后感

这一部分讲了人类与那些危害人们生活的鸟和虫子所做的斗争，方法非常具体。但这些方法在今天可能有些老旧了，有的甚至有些不环保或者有危险，我们不能照搬照抄，用更加科学的方法消灭那些危害人们生活的鸟和虫子，可以让我们的生活更加美好。

来自四面八方的无线电

注意！注意！

这里是列宁格勒《森林报》编辑部。

今天是夏至，这一天是一年当中白昼最长的一天。今天，我们要进行一次无线电通报呼叫。

现在我们开始呼叫：苔原、沙漠、森林、草原、海洋、山川，请注意！

今天是夏至，白昼最长，黑夜最短。请大家说说看，你们那里现在是什么样子的？

收到，收到，
我们这里是北冰洋群岛

现在我们这里没有黑夜，我们已经忘记了什么是黑夜，什么是黑暗。

近期，我们这里每天都是白天，太阳照常升降，但我们却看不到黑夜。这种状态要持续三个月。

这里的阳光总是充足的，就像神话故事中讲的那样，地上草的生长不是按天算的，而是按小时来算的。叶子、花是长也长不完的。沼泽地里满是苔藓，就连光秃秃的石头都被五颜六色的苔藓覆盖住了。现在苔原开始苏醒了。

我们这里没有美丽的蝴蝶，当然也不会有蜻蜓，没有聪明的蜥蜴，也没有青蛙和蛇，更没有那些需要冬眠的大大小小的野兽。【❀排比：运用排比的修辞手法，把北冰洋群岛动物稀少的状况描绘了出来。】这里的土地永远处在冰面以下，即使是最炎热的夏天，冰面也只能化开薄薄的一层。

苔原上也有成群结队的鸟，它们飞起来的时候就像是一片滚动的乌云。我们这里没有蝙蝠。蝙蝠是习惯在黑夜行动的，在这里蝙蝠肯定住不惯，因为这里每天都是白天。

在我们这片岛屿上，并没有种类太多的野兽。只有旅鼠（一种啮齿类动物，短尾巴，个头和老鼠差不多）、白兔、北极狐、驯鹿。偶尔会从海里游来几只北极熊。它们来到这苔原上是来找食物吃的，它们笨拙的样子很是可爱。

不过，我们这里鸟的种类是很多的。虽然所有背阴的地方还有大面积的积雪，但是，大批大批的鸟已经飞过来了。有角百灵、北鹬、雪鸮、鹈鸰等

各种各样的鸣禽，也有潜鸟、鸺、野鸭、大雁、管鼻鹱（hù）、海鸥、模样滑稽的花魁鸟，还有许许多多我们叫不上名字来的稀奇古怪的小鸟。

叫声、喧闹声、歌声连成一片，整个苔原变成了一个鸟的天堂。鸟巢一排连着一排，甚至那些光秃秃的石头上也住满了各种各样的鸟。如果有猛禽想接近或者侵占这里，那简直是不可能的事情，<u>一大群鸟会立刻向它扑去，那叫声惊天动地，那些鸟嘴像雨点般向敌人猛啄过去，那些猛禽就哀叫着飞走了。</u>【📌**动作描写**：一系列的动作展现了鸟类对来犯之敌的无情、猛烈的攻击。】这些鸟哪会让猛禽来侵占它们的领地呢？在这片苔原上生活可真快乐。

我猜想你一定会问这样的问题："既然这里老是白天，那这些鸟和野兽都什么时候休息、睡觉呢？难道它们也整天不睡觉？"

让你猜对了，它们几乎不睡觉。因为它们没有时间。它们睡一会儿，立刻就要起来工作。有的喂孩子，有的垒窝，有的孵蛋。所有的鸟都是很忙碌的，因为夏天太短，所以它们要争分夺秒。至于睡觉嘛，等到冬天就是了，那可是很长一段时间。

这里是中亚沙漠

我们这里几乎所有的生物都在睡觉!

强烈的阳光把草木都烤干了,最近一场雨是什么时候下的我已经记不清了。反正夏天一到来,就没有下过一场雨。但是,并不是所有草木都会被晒干。

那些带刺的骆驼草,已经有半米高了,它们的根钻到火热的土地里五六米深的地方,从那里汲取水分。

其他的灌木丛和野草,长满了绿色的细毛,却不见一片叶子。【🔍细节描写:运用这一细节表现出沙漠上的植物是如何为适应艰苦的环境而改变自身形态的。】这样,它们的水分就蒸发得少一点。我们这里的树木也是一样的:个头不高,连一片叶子都没有,只有树枝透露出生命的颜色。

起风了,乌云随着大风升到天空,把太阳遮住了。突然,整个天地之间响起了一阵巨大的声响,那声响如同成千上万条蛇在叫嚣,听着有些瘆人。

但这巨大的声响并不是蛇发出的,而是那些细树枝发出的。

金花鼠和跳鼠最怕一种叫作草原蝰的蛇了,不过这种蛇也像其他的蛇一样钻到深深的沙子底下去睡觉了。

其他的动物也在睡觉,特别是细长腿的金花鼠,除了早上起来的时候找点东西吃以外,它们整天都躲在洞里睡觉。它们用一个土疙瘩把洞口堵起来,不让阳光照射进去。现在,它们不得不跑了出来,可是几乎所有的植物都被晒干了,要找那些没有被晒干的植物似乎有点困难。黄色的金花鼠干脆连食物都不找就钻到地底下去了。它们从夏天开始睡,睡上一个夏天、一个秋天、一个冬天,第二年春天才会醒过来。在一年的时间里,金花鼠只有三个月在工作,其余时间都是在睡觉中度过的。

蜘蛛、蝎子、蜈蚣和蚂蚁,有的躲在石头底下,有的躲在背阴的土里,它们都害怕那毒辣的太阳。只有在晚上它们才出来活动。其他的动物你就看不到了，既没有行动敏捷的蜥蜴，也没有爬得很慢的乌龟。

为了能够靠水源更近一些，这些动物都搬到了沙漠的边缘。鸟早早地就孵出了雏鸟，带着这些小家伙们一起飞走了。那些飞得很快的山鹬倒不用特别担心，它们飞个百十千米都不成问题。通常情况下，它们会飞到离这里最近的河边，自己先喝个痛快，然后把嗉囊装满，再赶紧飞回去喂它们的孩子。等到雏鸟学会飞翔之后，山鹬再带着孩子们离开这个可怕的地方。

只有人类是不惧怕沙漠的。因为他们已经掌握了先进的技术，在那些有水的地方挖出一条条灌溉渠，然后把水从高山上引到这里，以此把死寂的沙漠变成牧场和农田，【❀形容词：这个形容词把沙漠死气沉沉的特点写了出来。】还有果园，让这些地方重新焕发出生机。

沙漠当中是没有人的，这里只有风沙——人类第一大敌人。狂风推动干燥的沙丘，掀起黄沙，肆虐地冲向村庄，把房屋掩埋起来，但是人类却不怕。人、水和植物形成了一个强大的统一战线，把那些风沙阻挡住。那些树木像一堵堵防风墙，树根和草根就像一双双有力的大手抓住沙子，这样沙丘就再也不能移动了。【✿比喻：将树木比作"防风墙"，把树木在防治风沙方面的作用写了出来。】

夏天的时候，这里跟苔原没有一点相似之处。当太阳炙烤着大地的时候，所有的生物都进入了梦乡。只有在漆黑的夜里，那些受尽了折磨的小生命才能抖抖干渴的身躯，透透气。

这里是乌苏里原始森林

在我们这里，森林很特别，它既不像西伯利亚原始森林，也不像热带雨林。这里有松树，有落叶松，有云杉；带刺的蓬草、野生的葡萄也生长在这里。

我们这里还有许多动物，比如驯鹿、印度羚羊、普通棕熊、黑熊、黑兔、猞猁、虎、豹、棕狼和灰狼等，它们都是这里的居民。

鸟的种类也很多：有谦逊的灰松鸦、漂亮的野鸡、灰雁、普通的野鸭，还有各种各样奇异的鸳鸯。

白天，由于宽大的树顶形成一个个绿色的大帐篷，所以原始森林里又闷又暗，阳光根本就不能透过树冠照射进来。

夜里就更不用说了，当然也是黑暗的。

夏天里，所有的鸟都已经完成了下蛋或者孵化小鸟的任务。各种野兽的

幼崽也都慢慢地长大了，它们正跟随着妈妈们学习怎样捕获猎物呢。

这里是库班草原

我们这里是一望无垠的平坦的田地。【成语：简洁的成语表现了土地的广阔无边。】到了收获的季节，人们正在忙着用小型收割机收割庄稼。

在那些收割完的田地上空盘旋着老鹰、雕、兀鹰和游隼等肉食性动物。庄稼已经收割完了，它们可以好好收拾一下那些野鼠、田鼠、金花鼠和腮鼠（这些也是人类的敌人）了。

那些鼠是很可恨的，你看它们现在正在洞里探头探脑地向外张望呢。想起来的话，你会感觉到非常可怕，在庄稼还没有成熟的时候，有多少已经被这些老鼠吃掉了呀！

现在它们正在寻找散落在田间地头的麦粒子，它们将这些麦粒子拉到自己的洞里，准备留着冬天吃。那些野兽也不甘落后：狐狸有高超的捕捉鼠的技巧，可以捉到各种鼠；浅色的草原鸡貂对我们的帮助就更大了，那些啮齿类动物经常被草原鸡貂一扫而光。

这里是阿尔泰山脉

水从岩石上直泻下来，这样就形成了瀑布。这些水一直奔向山下的河，河里的水顿时多了起来。这已经是今年第二次（第一次是春天）河水上涨了。河槽里的水满了，溢出了河岸，盆地上到处都是泛滥的河水。

这里山上山下的景色是截然不同的。最下面的山坡上是一片遮天蔽日的原始森林；往上一点是绿油油的高原草场，那里有独特的草原；再往上长满了苔藓和地衣，就跟远方的苔原是一样的；最上面是厚厚的积雪和寒冰，这里永远都是冬天，像极了北极。

在山顶上，不管是野兽还是小鸟都没法生存。偶尔来到这里的是那些巨大的猛禽，比如雕和兀鹰，它们睁着锐利的眼睛，寻找那些可能偶然来到这里的小动物。可是低一点的地方就不同了，那里住满了各种各样的小鸟和小兽，它们各自占据着自己的位置，在海拔高度不同的地方住着。

最高的一层是寸草不生的岩石，雄野山羊住在上面。下面的一层是雌野山羊及其儿女们——小野山羊。在这一层里还有山鹑，它们和雌火鸡一样大。在下面一层的高山草场上，一群长着直直的犄角的绵羊——羱（yuán）羊，正在悠闲地吃着草。雪豹也尾随它们而来，雪豹的目的当然是猎取食物。这里还有旱獭和其他鸣禽。再往下一层是大片的原始森林，在原始森林里住着松鸡、雷鸟、鹿、熊等动物。

以前，只有在盆地里才能种麦子，可是现在变了，我们的耕地向更高的山顶上扩展了，只是上面天气寒冷，马已经用不上了，我们只能改用牦（máo）牛来耕地。我们已经付出了很多的劳动，我们希望在这片土地上获得大丰收。我们有这个信心，当然我们也完全有能力实现这个目标。

这里是海洋

我们伟大的祖国三面临海：西边是大西洋，北边是北冰洋，东边是太平

洋。

乘船从列宁格勒出发，穿过芬兰湾，横渡波罗的海，就来到了大西洋。在大西洋上，我们经常会碰到英国、丹麦、瑞典、挪威等国的船只。我们也会碰到一些商船、游船和渔船。这里有数量极多的鲱鱼和鳕鱼，我们可以通过各种方法捕捞它们。

从大西洋来到北冰洋，沿着欧亚两洲的海岸线，有一条北方航路。这条航路是我们那些勇敢的航海家开辟的。以前，人们认为这条路是没法行船的，因为这里到处都覆盖着厚厚的冰层，一不小心就会有死亡的危险，但是现在我们英勇的船长指挥着巨大的船队，在一艘力大无穷的破冰船的指引下，正顺利地行驶在这条路上。

在这些人迹罕至的地方，我们见识了许许多多的奇迹。我们经过大西洋，遇到北赤道暖流的时候，遇见了漂浮着的冰山。在阳光的照耀下，冰山是那么璀璨夺目，如闪闪发光的钻石一样，就在那里，我们逮到许多鲨鱼和海星。然后，这股暖流就往北方去了，去到极地。在那里我们看到更为巨大的冰川，它们沿着洋面漂浮着，一会儿向两边裂开，一会儿又合上。我们的飞机在上空盘旋，指挥着船只行走。

在北冰洋的那些岛屿上，我们看见了成千上万只大雁，在这些空旷的岛屿上，它们显得那样无助，它们的羽毛已经脱落了，几乎快要飞不起来了。如果现在把它们围起来，我估计直接就能够把它们抓起来。我们也看见了一些海象，它们露出尖利的牙齿，从水里爬上来，趴在冰块上。还有各种各样的海豹。最搞笑的是有一种大海兔，它们能够把头上的大皮囊吹起来，就好像戴了上头盔。还有许多可怕的逆戟鲸，它们露出锋利的牙齿，追得其他鲸鱼和它们的孩子到处乱跑。

有关鲸鱼的故事，我们下次会接着说。等到了太平洋，那里的鲸鱼会更多。

现在，我们就要和您说再见了！

下次播报的时间是9月22日，到时候请您继续欣赏我们的节目。

写一写，练一练

1. 注音。

空旷（   ）　鲸鱼（   ）

2. 近义词。

一望无垠——（   ）　欢呼雀跃——（   ）

打靶场

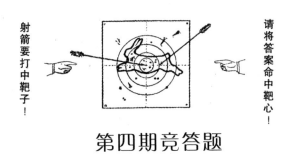

射箭要打中靶子！

请将答案命中靶心！

第四期竞答题

1. 作者所在的国家夏季从哪天开始？这一天有什么特点？

2. 哪种鱼会做巢？

3. 哪种动物会模仿小鸟做巢？

4. 哪种鸟不会做巢，只能在草丛中下蛋？

5. 上题中那种鸟的鸟蛋是什么颜色的？

6. 蝌蚪先长前脚还是后脚？

7. 普通刺鱼的刺长在哪里？一共有几根？

8. 家燕和金腰燕做的巢有哪些区别？

9. 为什么不能用手去掏鸟巢里的蛋？

10. 雄萤火虫有没有翅膀？请你晚上去森林里，用玻璃杯罩住一个放光的雌萤火虫，这样，会吸引雄萤火虫过来。

11. 哪种鸟把鱼刺铺在巢里当垫子？

12. 为什么燕雀、金翅雀、篱莺在树枝间做的窝，不容易被人发现？

13. 是不是所有的鸟在夏季只孵一次小鸟？

14. 在列宁格勒有没有捕食生物的植物？

15. 谁在水底用空气给自己造房子？

16. 谁的孩子还没出世，就交给别人去抚养了？

17. 一只老鹰，个子不小，飞得高，飞得远，张开翅膀，把太阳遮住。（谜语）

18. 像树木一样倒下去，像山一样站起来。（谜语）

19. 串串珠宝，挂在树梢，如果没有它们，我们的肚子就咕咕叫。（谜语）

20. 一蹦一跳下水。（谜语）

21. 推也推不开，抬也抬不起，时间一到，立刻就跑。（谜语）

22. 只看见除草，却不编草鞋。（谜语）

23. 没有身体却活着，没有舌头却会说话；谁都没有看见过它，但谁都听过它的声音。（谜语）

24. 从来不缝缝补补，却老是把针带在身上。（谜语）

公　告

爱护我们的朋友

有时候一些小孩会掏鸟窝。其实他们这么做，也没有什么特别的目的，只不过觉得特别好玩罢了。不过他们从来没有想过：他们的做法会给自己的祖国带来巨大的损失。有科学家曾经计算过，一只鸟，哪怕只是一只小鸟，整个夏天都会为我们的农业和畜牧业带来巨大的财富。每个

巢里有4个到24个鸟蛋，你们可以自己算一笔账，每弄坏一个鸟窝，我们会有多么大的经济损失。

组成一个保护鸟巢的队伍

现在我们呼吁：让我们大家组成一个鸟巢保护队吧，不要再让人们捣毁鸟巢。不要让猫跑到灌木丛或者森林里面去，只要看到它们，就立刻把它们给赶出来，因为那些猫是最喜欢吃鸟的，并且它们还经常破坏鸟巢。我们要向所有的人讲解：为什么应该保护鸟类，鸟是怎样想方设法地保护我们的森林、田野还有果园的；它们是如何保护我们的庄稼，使庄稼免于遭受害虫的侵害的。

"锐眼"称号竞赛三

谁住在这里？

图1、图2：花园里有两个树洞，两个树洞里都可以听到鸟的叫声。辨认一下，两个树洞里住的都是什么鸟。

图3：谁在地下生活，我们却看不见？

图1　图2　　　　　　　　图3

图4：树上用苔藓做的小房子，是什么动物的巢穴？

图5：住在海边山上洞穴里的是些什么动物？

图4　　　　　　　　　　图5

图6、图7：这两个洞很相似，都是同一种动物挖的，但里面住的却不是同一种动物。判断一下，每个洞里分别住着什么动物。

图6　　　　　　　　　　图7

森 林 报

小鸟出生月（夏天第二月）　　　　　　　　从7月21日到8月20日

一年12个月的欢乐诗篇——7月

7月，盛夏来临了，它不知疲倦地发号施令，什么都要管上一通。<u>它告诉稞麦要鞠躬，并且要把头深深地低到地上，它告诉那些燕麦要穿上长袍，告诉荞麦脱光所有的衣服。</u>【拟人：运用拟人的修辞手法，把盛夏季节各种庄稼即将成熟的景象描绘出来，生动形象。】

那些植物通过光合作用来让自己更快地成熟起来。稞麦和小麦现在已经像一片金色的海洋，把这些粮食储藏起来，足够我们吃上一年的。我们把青草割倒、晒干，堆成一座座干草垛，这是我们为那些牲畜储备的口粮。

鸟也变得异常忙碌起来。它们现在已经没时间高声歌唱了，因为它们都已经有了鸟宝宝。那些鸟宝宝刚出生的时候，像肉球一样，没有羽毛，它们的眼睛也没有睁开，需要鸟妈妈照顾。食物倒是不缺乏的，地上、水里、森林里，甚至于空中，到处都是，这些小家伙每天都能够吃到丰盛的美餐。

森林里到处都是熟透了的可口的浆果，比如草莓、黑莓、覆盆子和醋栗等。在北方，金黄色的桑叶悬钩子已经熟透了；南方的樱桃、草莓现在也是鲜美的浆果。金黄色的草场又换了一套衣服，现在绣着野菊花的花衣裳已经被它穿在了身上，那些雪白的花瓣在太阳的照耀下显得无比娇艳。这个时候的阳光是最毒辣的，如果不小心，你的皮肤就会被灼伤，所以还是小心为妙吧。

那些住在森林里的孩子

看看都有几个孩子？

一只年轻的雌麋鹿生活在罗蒙诺索夫城外的森林里，今年它只生下了一只小麋鹿。

同样是在这片森林里，白尾巴雕孵出了两只可爱的小雕。黄雀、燕雀、鸫各有5个小宝宝。啄木鸟孵出8只小啄木鸟，长尾巴云雀孵出12只小鸟，灰山鹑孵出20只小鸟。

在刺鱼的家里，可以说是人口众多，每一颗鱼子就能长成一条小刺鱼，所以刺鱼家庭一共有100多个成员。

鳊鱼有几十万个小宝宝。鳕鱼的繁殖能力最强了，一个夏季下来它的孩子多得数不清，有几百万条吧。

无助的孩子

对于它们的孩子，鳊鱼和鳕鱼是照顾不过来的，因为孩子太多了。它们产完卵，就游到别的地方去了。至于孩子们怎么长大，怎么生活，怎么找东西吃，鱼妈妈们是不管不问的。仔细地想一下，其实也只能这样，孩子太多了，哪里能照顾过来呢？

青蛙的孩子要少一些，有1000多个，同样地，它们也是不会照顾那些孩子的。产完卵，它们就走了。

失去了妈妈的庇护，这些孩子的生活是极其艰难的。在水中有许多贪吃鬼，它们最喜欢吃鱼子和青蛙卵。如果被发现了，这些鱼子和青蛙卵就性命难保了。更可恨的是当那些鱼子和青蛙卵孵化以后，也立刻成了这些贪吃鬼的美味。

在小鱼长成大鱼，蝌蚪长成青蛙之前，它们需要经受多少灾难就可想而知了。【✿成语：想一想就会明白那些青蛙和小鱼长大之前要经历多少艰难，虽然没有具体描写，但是作者借这个成语给读者留下很大的想象空间。】想起来的时候，人们真为它们的命运捏一把汗。

鸟一天要工作多长时间

天刚蒙蒙亮，鸟们就飞出去工作了。

椋鸟每天工作的时间是17个小时，家燕是18个小时，雨燕是19个小时，而鹟每天要工作20个小时以上。

这一切我都计算过，它们可真是够辛苦，不过这也是无可奈何的事情，因为它们也是在为了生计而奔波。

为了把自己的孩子养大，雨燕每天要来回飞30次至35次，才能把小雨燕们喂饱，而椋鸟要飞近200次，家燕要飞约300次，鹟要飞约450次，这样它们才不会让自己的孩子受到什么委屈。

一整个夏天，它们都在森林里穿梭，消灭那些对森林和庄稼有害的虫子。具体的数目是多少，我相信没有人会知道。

它们每天都是这样，我真由衷地钦佩勤劳的它们。

慈爱的父母

有些动物对自己的子女可以说是极其爱护的，如果你不相信的话，我们可以以麋鹿妈妈和山鹑妈妈为例来说明一下。

麋鹿妈妈为了自己的孩子，可以义无反顾地放弃自己的生命，【成语：表明麋鹿妈妈为了自己的孩子，不顾性命安危，毫不犹豫地去和敌人搏斗，表现出母爱的伟大。】哪怕攻击小麋鹿的是一头大黑熊，麋鹿妈妈也绝对不会袖手旁观的。它会抬起自己的四个蹄子，一通乱踢。这一通乱踢可真够大黑熊受的，那只大黑熊狼狈逃窜，我相信它再也不敢打小麋鹿的主意了。

记得有一次，我们的森林记者在田野里碰到了一只小山鹑，它可能受到了惊吓，从森林记者脚底下跳出来，然后一溜烟地躲到草丛里去了。

我们的森林记者没费多大力气就捉住了小山鹑，它吓得惊叫起来。这时候山鹑妈妈不知道从什么地方钻了出来，看到这一幕，它就"咕咕"地叫了起来，朝着森林记者猛扑了过来，但猛然间摔倒在了地上，翅膀也耷拉了下来。

我们的森林记者看到这里，认为它受了伤，就松开小山鹑，去看一下它到底怎么样了。

山鹑妈妈在前面的草地上一瘸一拐地走着，我们只要一伸手就有可能捉到它，但每次它都能从容地逃脱我们的追捕。看到这种情况，我们的森林记

麋鹿妈妈抬起蹄子对着大黑熊乱踢，小麋鹿站在一旁

者更加起劲了。可是突然，那只母山鹑抖动着翅膀飞上了天空，看起来没有一点受伤的样子。【🐾**动作描写**：通过这些动作描写，表现了母山鹑在孩子遇到危险的时候所表现出来的聪明和智慧。】

当我们的记者再回过头来去寻找那只小山鹑的时候，却发现小山鹑踪迹全无。原来这是一个计策，山鹑妈妈故意装作受伤，来吸引我们的注意力，好让那只小山鹑从容地脱离险境。这一招可真够险的。可是对于山鹑妈妈来说，这的确算不了什么，因为这就是母爱，母爱是最伟大和最无私的。

岛上的"自治区"

小岛上有沙滩存在的地方，会有许许多多的"别墅"，这是那些海鸥住的地方。到了晚上，那些小海鸥就睡在这里，每个沙坑里都有三只小海鸥。沙滩上到处都有这种小坑，这里简直成了海鸥的"自治区"了。

白天的时候，小海鸥练习飞翔、游泳，也在长辈的带领下学习怎样捕获猎物。

老海鸥担负起教导和保护小海鸥的职责。

当有敌人靠近它们的时候，它们就成群结队地飞上天空，嘴里发出预警的声音，同时向敌人冲过去。这种情形，像极了一群不要命的狂徒，不论哪种敌人见到它们都会害怕的。

就算是巨大的猛禽，比如白尾巴雕，遇到这种情况，都会立刻逃得无影无踪。

那些鸟的孩子们

看！这就是小鹬。

它现在刚从蛋里出来。它有一颗白色的"凿壳齿"，它就是用这颗牙齿把蛋壳啄开，然后自己从蛋壳里钻出来的。

鹞是一种很凶猛的大鸟，它的这种凶猛的习性经常让那些啮齿类动物感到害怕。

可是现在，你看它多么可爱呀，浑身上下全是绒毛，眼睛还没有全部张开。

它是那么弱小和温顺。如果不是在爸爸妈妈的庇护之下，它恐怕早就成了其他动物的美餐了。即便不是这样，它也会饿死的。

当然，鸟类中也有一些特别勇敢的小家伙。它们刚刚从蛋壳里出来，就立刻跳起来去找东西吃，一点也不像刚出生的小家伙。它们不惧怕恶劣的环境，也不害怕那些贪吃的家伙，遇到敌人的时候，它们还知道怎么把自己藏起来。看来它们的保护意识是与生俱来的。【✎成语：简洁地表达出小沙锥从一出生就有自我保护的本领。】

看这两只小沙锥，你就会明白，它们刚从蛋里出来，就离开自己的家，到处去找食物了。

现在我们明白为什么沙锥的蛋那么大了，其实就是为了要小沙锥能够长得结实一些。

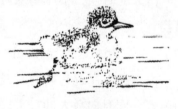

其实刚才我们讲过的小山鹬也算是个勇敢者。刚一出生，它就会到处跑了。

小野鸭更有意思。它刚一出生，就来到小河边，一个猛子扎到水里，洗起澡来了。你看它一会儿潜到水底，一会儿仰在水面上，什么姿势都会，简直就是天生的游泳高手。

不过旋木雀的孩子可就不同了，它孵化出来以后，要在自己的窝里待上整整两个星期，然后才能够飞出去找食物吃。

在飞不出去的时候，它好像非常生气，一副十分不情愿的样子，原来是它好久没有吃到妈妈喂给它的食物了。这真是一个娇生惯养的家伙。

虽然它已经来到这个世界上三个星期了，但是它一直不能够自食其力，只是等着妈妈把青虫或其他好吃的东西塞到它嘴里，它才满意。【**动词：**"塞"把旋木雀喂养孩子的情形描述得非常形象，既突出了母亲的慈爱，也突出了小旋木雀不能自食其力的样子。】

奇怪的鸟

最近我们收到了来自全国各地的信，信中说，这个月，在莫斯科附近、阿尔泰山上、卡马河畔、波罗的海上、雅库特、哈萨克斯坦等地都发现了一种奇怪的鸟。【**巧设悬念：**这一段用了"奇怪"两个字，设置悬念，吸引读者继续阅读下去。】

这种鸟的样子十分可爱，也漂亮，就像钓鱼用的那种色彩绚烂的浮漂。它们对人类非常友善，就算你离它们再近，它们也不会害怕，还是在你的身边走来走去，一副旁若无人的样子。

在这个季节里，所有的鸟都在忙碌着，要么是在巢里孵蛋，要么是在喂养小鸟，只有这种鸟例外，它们正成群结队地在全国各地旅行呢！

更让人感到不可思议的是，这些非常好看的小鸟都是雌的。我们的常识告诉我们，通常情况下，色彩漂亮的鸟都是雄的，但是这种鸟正好相反：雄鸟灰不溜丢，雌鸟五彩缤纷。

更奇怪的事情是这些雌鸟丝毫不关心自己的孩子。在遥远的北方那些极其寒冷的地方，它们把鸟蛋下到坑里之后，就马上离开了，而那些雄鸟则担负起孵蛋、喂养和保护孩子的重任。

这种鸟虽然奇怪，不过确实存在！名字叫作瓣蹼鹬。

现在我们经常可以发现它们的身影，它们一会儿飞到北方，一会儿又飞到南方，丝毫不感到疲倦。

🔍 我的读后感

这一部分为我们描写了森林中的各类动物，把它们描写得非常可爱，特别是关于鸟的描写，让我们看到了鸟的勤劳、善良、聪明。读完文章后，我们更应该尽力去保护鸟类，保护这些大自然的小精灵。

森林中的大事

另类的鸟

鹡鸰一下子在巢里孵出6只光溜溜的小鸟。有5只小鸟都长得很像妈妈，而第六只却完全不同，是一个"丑八怪"。这个"丑八怪"浑身上下长满了粗糙的皮，露出青筋，还有着一个大大的脑袋，两只眼睛也凸了出来，就像遮了一层膜那样睁不开。它的嘴就更吓人了，如果张开的话，你会发现那就像是一个无底洞，深不可测。【外形描写：这一段外形描写把这个"丑八怪"与众不同的长相描写了出来，为下文的真相大白做铺垫。】

第一天，它还安安静静地躺在那里。只有当妈妈飞回来喂食的时候，它才十分吃力地抬起它那又沉又胖的大脑袋，张着大嘴，低声哀求着妈妈喂食给它。

第二天，天气异常寒冷，一大早爸爸和妈妈就出去找食了，"丑八怪"就不安分了，开始一点点地挪动。它低着头，小心翼翼地在地板上站起来，慢慢地分开两只脚，一个劲地倒退。

当它感觉屁股已经碰到其他的小鸟时，就开始蹲下来，用力地把屁股往其他小鸟的身子底下挤，同时用光秃秃的翅膀夹住同在屋檐下的兄弟，像一把钳子一样，死死地夹住，把那些小家伙扛到自己的肩膀上，接着往后退，最后退到了巢的边缘。

那些小鸟个头小，身体又弱，眼睛还没有睁开，怎么能够承受得住这样的折腾呢？它们只能躺在"丑八怪"的两只翅膀里被它不停地折腾、来回晃荡，那种感觉就像躺在一个勺子里一样。我们再来看那个"丑八怪"，它慢慢腾腾地用脑袋和两脚撑住了身体，把其中的一只小鸟一点点地抬到鸟巢的边缘去。

这时候，它撅起身子，屁股猛地一使劲，就把那只小鸟掀到巢外面去了。【❀动作描写：连用几个动词，把这个"丑八怪"如何杀害其他小鸟的情形形象具体地表现出来。】

鹡鸰的巢可是建在河岸上方的悬崖上的。可怜的小鸟，浑身还是光溜溜的，就这样一下子摔到了悬崖下面，死掉了。

不过，那只"丑八怪"自己也差点从鸟窝里摔下来，值得庆幸的是，它终于慢慢地稳住了自己的身体，这样才没有掉下去。

说起来好像很费力气，不过整个过程从开始到结束只用了两三分钟的时间而已。

那只"丑八怪"躺在窝里一动不动了，经过这一轮的搏斗，它已经筋疲力尽了。躺了大约15分钟的光景，鹡鸰爸爸和鹡鸰妈妈都飞回来了，它们发现少了一只小鸟，就到处寻找。这时候"丑八怪"伸长了自己的脖子，抬起

又肥又大的脑袋朝着鸟爸爸和鸟妈妈要东西吃，我真是佩服这只"丑八怪"逢场作戏的能力。【✿ 成语：运用这一成语来说明这个"丑八怪"是非常狡猾的，它知道如何去转移鸟爸爸和鸟妈妈的视线。】听到那一声声呼喊，鸟妈妈不忍心拒绝。

等到"丑八怪"吃完东西以后，鸟妈妈和鸟爸爸又出去觅食了，"丑八怪"就开始用同样的办法来对付其他的小鸟。

不过这次并没有那么顺利，那只小鸟拼命地挣扎，一次次从"丑八怪"背上挣扎着掉下来，可是"丑八怪"也是很有意志力的，最终那只小鸟也死去了。

5天之后，等它再一次睁开眼睛，它发现，只有它自己还躺在巢里，其他的5只小鸟都被它谋杀了。

就这样12天过去了，那只"丑八怪"长出了羽毛。于是终于真相大白了：原来鹡鸰爸爸和鹡鸰妈妈辛辛苦苦抚养的竟然只是一只被遗弃的杜鹃。

可是它的叫声实在是可怜极了，再看看它的样子，那么像自己的孩子——抖动的翅膀，张开的小嘴，鹡鸰爸爸和鹡鸰妈妈顿生怜爱之心！于是善良的鹡鸰爸爸和鹡鸰妈妈心软了，照常喂给小杜鹃食物吃。

老两口的日子过得很紧巴，每天它们都忙忙碌碌的，自己却吃不饱，从白天到晚上，它们一直在给小杜鹃寻找可口的食物——大青虫。喂食的时候也是比较麻烦的，它们需要把脑袋伸到小杜鹃的嘴里面去，才能够把食物塞进小杜鹃的喉咙里面。

到了秋天，小杜鹃终于长大了。它离开了它的养父母，飞走了。我想这一辈子它都不可能再和它的养父母相见了。

成熟的浆果

这时候各种各样的浆果都已经成熟了。在果园里，人们正忙着采摘树莓、红醋栗、黑醋栗和酸栗等。

树莓是生长在树林里面的。你要是从这些果树丛中穿过，就难免要把脆茎弄断，而且脚底下会发出"噼里啪啦"的浆果落地的声音。不过你不要太在意，因为这些长着树莓的灌木丛只能活到冬天到来之前。它们的接班人已经产生了。那些娇嫩的、毛茸茸的长满了刺的细茎，已经从地下钻了出来。到明年夏天的时候，就该轮到它们开花、结果了。

在那些灌木丛和草墩的旁边，或者是在伐木场附近的树墩旁边，越橘也快成熟了，浆果已经开始慢慢变红了。

<u>越橘的浆果是长在枝头上的，并且长得又大又密，那些树枝都快被压弯了，几乎触到地面上来。</u>【✎ **细节描写**：这一细节把越橘果实累累的情形描写出来，令人读后仿佛亲眼所见。】

我们的森林记者真想挖一棵越橘树，把它栽到家里去，精心地侍弄一番，看看在家里它的果实是不是也会这样又大又密。但是，估计是不会成功的。越橘的浆果是可以保存很长时间的，可以保存整整一个冬天。你如果想吃，只要倒上点开水或者把它捣碎，就做成一种可口的浆果汁了。

你肯定想知道为什么浆果不会腐烂。原因很简单，它体内有一种苯甲酸（也叫安息香酸），而这种苯甲酸恰恰是防腐的最佳材料。

尼·巴甫洛娃

洗澡的小熊

有一天，我们熟悉的一个猎人，正沿着森林中小河的岸边散步。突然，他听到一阵巨响，这声音让他感觉到很害怕，于是他一下子就爬到了树上。

这时候他发现丛林中走出来四只熊。老熊在前面开路，后面紧跟着的是两只小熊，最后面是一只半大不小的熊，它可能是那熊妈妈的大儿子，它充当了两只小熊的保姆的角色。

这时熊妈妈坐了下来。熊哥哥则张开大嘴咬住了一只小熊，使劲往水里按进去。

可是看起来这只小熊很害怕洗澡，它尖叫起来，四个爪子乱蹬乱踢。但是，熊哥哥始终不放开它，直到把它浑身上下都洗干净了，才把它从水里叼了上来。【❀**场面描写**：这段描写为我们展现了一个真实的熊哥哥给熊弟弟洗澡的场面，表现了熊哥哥对熊弟弟的关爱。】

另外一只小熊一看大事不妙，一溜烟地跑进树林里面去了。

熊哥哥赶紧追过去，收拾了它一顿，然后用同样的办法给它洗了澡。

正当熊哥哥给小熊洗澡的时候，一不小心，小熊掉进水里去了。那只小熊吓得尖叫起来，熊妈妈慌忙跳进水里，把小儿子捞了上来。之后，它狠狠地揍了熊哥哥一顿。熊哥哥被揍得大哭不止，这个家伙可真够倒霉的。

当小熊重新回到地面上的时候，它好像很高兴，在这么炎热的夏天里，洗一个凉水澡，可真够凉快的。我想它以后就会自己洗澡了吧！

洗完澡之后，这些熊就又回到树林里去了。直到这个时候，我们的猎人才敢从树上爬下来，跑回家去了。这可真是一件危险的事情。

猫当奶娘

春天到来的时候，我们家的猫生的一群猫崽，小猫崽还没有满月就都被别人要走了。一天，我们在森林里逮到一只小白兔。于是我就把那只小白兔带了回来。

我们把小白兔和猫妈妈放到一起，正好猫妈妈还有很多奶水，看起来它也很乐意喂这只小白兔。

这样，小白兔在猫妈妈的照顾下慢慢地长大了，它俩的关系很融洽，经常睡在一起。

最可笑的是，猫妈妈开始教小白兔如何打架，这可能也是猫的天性吧！只要狗跑到院子里，猫妈妈就会立刻扑过去，拼命地乱抓乱挠。那只小白兔也模仿猫妈妈的样子，跳起来，用爪子像打鼓一样在狗身上乱蹬乱踹，结果把狗毛弄得到处都是。【🏹动作描写：这段动作描写非常有趣，表现出小白兔可爱调皮的萌态，读过之后让人忍俊不禁。】这样一来，那些周围的小狗一见到猫和它的养子——小白兔，就躲到一边去了。

歪脖鸟的计策

有一天猫看到树上有个洞，于是，它就想：这可能是鸟窝吧？那我就可以趁机倒腾一番了。想到这里，它一下子就爬到树上，探着脑袋往树洞里面看。不看不要紧，这一看还真吓了它一跳，只见洞底有几条小蜷蛇正蜷缩着身体蠕动着，嘴里还发出"咝咝"的叫声。那只猫吓坏了，赶紧从树上跳下来，撒腿就跑，那样子狼狈极了。

其实树洞里面根本不是什么蜷蛇，而是歪脖鸟的那些小宝宝。它们只不过采用了退敌之计，吓唬敌人罢了。不过这招还真是管用，它们的脑袋转来转去，就像蠕动的蜷蛇一样，嘴里还能发出蜷蛇的"咝咝"的声音，这声音谁不害怕呀？敌人逃跑了，这些小歪脖鸟也就安全了。

猫妈妈用爪子在狗身上乱抓乱挠，小白兔在一旁学习

水下的战斗

那些生活在水下的小家伙也是喜欢打架的，这一点和在陆地上生活的小家伙们是一模一样的。

两只小青蛙跳进池塘去游泳，突然看见那里有个奇形怪状的家伙，它长着细长的身子，顶着个大脑袋，四条腿显得非常短，原来是只蝾螈。

小青蛙心想：我们从来没有见过这么可笑的怪物，应该教训它一顿。

于是，两只小青蛙商量好对策，开始发起攻击。它们一只咬住蝾螈的尾巴，另外一只咬住蝾螈的右前脚。

它们使劲一拽，蝾螈的尾巴和右前脚就掉了下来，不过那只蝾螈却趁机跑掉了。

过了几天，两只小青蛙又发现了这只蝾螈，不过这次它可真变成怪物了。在原来长尾巴的地方长出了脚，在原来右前脚的地方却长出了尾巴。那两只小青蛙感到十分奇怪，它们不明白这究竟是怎么一回事。

原来蝾螈在这方面的本事比蜥蜴大得多。蜥蜴的尾巴断了，可以重新长出一条尾巴，脚断了还能重新长出一只脚。蝾螈也是这样，但是，蝾螈老是搞怪，在其断掉肢体的地方，经常会长出别的东西来。这是不是比蜥蜴要厉害多了？

琴鸡的藏身秘诀

一只大鹞正在找东西吃，这时候它突然发现了一窝琴鸡。一群黄色的、毛茸茸的小琴鸡正由一只老琴鸡带着在草地上散步。

"这真是一顿可口的饭菜。"大鹞心里想。【 心理描写：虽然字数很少，但是却把大鹞发现猎物时那种得意扬扬的心理表现得很到位。】

大鹞看准琴鸡的位置，就猛地从天上俯冲下来，但这时，老琴鸡也已经发现了这个凶狠的家伙。

老琴鸡大叫了一声，所有的小琴鸡一下子全都消失得无影无踪了。大鹞感到很惊讶，左看右看，结果连一只小琴鸡都没发现。于是，大鹞心不甘情不愿地飞走了，它根本就不明白为什么会这样，只好再到别的地方去寻找食物了。

看到大鹞飞走了，老琴鸡又叫了一声，立刻，一群黄色的、毛茸茸的小琴鸡又都出现在它身边。原来，它们的身子紧贴着地面躺着。只不过从半空中往下看，大鹞是不能把它们和树叶、青草、土地区别开的。这是琴鸡保护自己的一个方法，在很多情况下，它们都是这样躲避危险的。

吃肉的毛膏菜

有一只蚊子，从沼泽地上方飞过，它飞的时间的确是太长了，感觉到有点劳累，它想停下来找口水喝。这时候它突然看见一棵上面挂着白色的小铃铛的绿茎，茎的周围往下一点，长着不少圆圆的紫红色的小叶子。小叶子上面长着许多毛毛，还闪烁着一颗颗亮晶晶的露珠。【✿铺垫：极力地描写这种小花的美丽，以为这样的花人畜无害，为下文写蚊子大祸临头埋下了伏笔。】蚊子感到非常高兴。

于是，它就落到小叶子上面，伸出嘴去吸那露珠，可它没有想到的是，那露珠竟然是黏的，蚊子的嘴被粘到了露珠的上面。

忽然，那些毛毛都动了起来，像触手一样包围过来，把蚊子逮住了，圆圆的小叶子突然间也合拢了。于是，那只可怜的蚊子消失了。

当圆叶子再次打开的时候，那只蚊子所有的鲜血都已经被小花吸光了。

这种花很可怕，叫作毛膏菜。它是一种专门吃肉的小花，它能够把那些小昆虫捉住并吃掉它们。

小矶凫

去河边洗澡的时候，我看见一只矶凫教自己的孩子怎样躲避人类。大矶凫在水面上浮泳，小矶凫在水底下潜泳。只要小矶凫一钻进水底，大矶凫就游到小矶凫潜水的地方不停地张望。最
后，小矶凫在芦苇旁边露出头来，原来它们已经游到芦苇荡里面去了。等到它们走了以后，我才脱了衣服洗起澡来。

小鸊鷉

在河岸上散步的时候，我看见的一种小鸟像是野鸭，但是又不太像；说是别的水鸟吧，可它们和野鸭长得太像了。只不过野鸭的嘴是扁扁的，可它们的嘴却是尖尖的。【✐对比：从两种鸟的对比当中，可以看出来鸊鷉的外形和野鸭的不同之处，也让读者更了解这种小鸟的特点。】我不知道这到底是一种什么样的鸟。

于是，我脱下衣服，游过去想看个究竟。它们飞快地游到了对岸，我也追到了河的对岸，眼看就要追上了，可是它们却又逃回到水里，于是我又跟着追了过去，它们又匆匆躲开了。它们就在水中和我周旋，可把我给累坏了。不过最终我还是没有逮住它们，也没有搞清楚这是一种什么鸟。

后来，我又看到过它们几次，不过我没有下水去追它们，因为我知道追也追不上。它们不是野鸭，而是鸊鷉的孩子——小鸊鷉。

景　天

现在我想给大家讲的是景天。这是我非常喜欢的一种植物，尤其喜欢它那厚厚的、鼓鼓囊囊的小叶子，这些密密麻麻的叶子把景天的茎都遮住了。景天的花是那种像五角星一样的颜色鲜艳的小花，是非常好看的。

现在，已经看不到景天的花了，取而代之的是它的果实，它的果实跟花一样也像五角星。它们紧紧地合着，没有张开。但是你不要认为它的果实没有成熟。景天的果实在大白天永远是这样的。

现在，我要让它们张开。你只要从水坑里弄一丁点水来，然后把水滴到"小星星"的中间，这时候，观察一下就会发现，果实的叶片开始伸展开来，种子也随之露了出来。景天的种子不像别的植物种子那样。它们不怕水，它们很欢迎水。只要有水，景天的种子就可以顺着水漂下来，漂到哪里，它们就在哪里生根、发芽、开花、结籽。

帮助景天播种的，不是风，不是鸟，也不是野兽，而是水。我曾经看见过一棵长在陡峭的岩缝里的景天，当雨水顺着岩缝流下来的时候，就把种子带走了，这样就到处都有了景天的种子。

神奇的小果实

老鹳草是一种杂草，它们就长在我们的菜园里，这种杂草其实长得一点都不漂亮，蓬蓬松松的，它开出的小花是紫红色的，也很平常。但是，它的果实却有点意思。

现在，它的花已经有一部分开始枯萎了，就在那些小花原来的地方凸起了一种类似鹳嘴的东西。每个"鹳嘴"其实都是5个生在一起的种子，不过它们的尾部是连在一起的。把它们分开也很简单，分开以后你就得到老鹳草的种子了。它的上面带尖，下面长着小尾巴，毛茸茸的。那些尾巴尖像螺旋桨一样，【🔍比喻：把老鹳草果实的尾巴尖比作"螺旋桨"，生动地描写出了其形状的特点。】但是一受潮它们马上就会变直。

如果把种子放到两个手掌中间，吹一口气，它就会马上旋转起来，就像有好多的螺纹一样。其实，并没有太多的螺纹，只是它旋转起来的时候你看不清楚而已。一会儿，它就会停下来，这时候你就可以观察了。

你肯定很想知道它们为什么会长成这样。原因很简单，当种子落向地面的时候，它们就会用镰刀似的小尾巴尖钩住那些小草。在天气潮湿的时候，那些小尾巴尖就会变直，风一吹，"螺旋桨"就旋转起来，这样它们就可以螺旋着钻进地下了。这也就完成了播种的过程。

当然要想回来那是不可能的，它身上的芒刺是向上的，这样就可以顶住泥土，不让种子露出来。

植物能够自己播种，这真是一件神奇的事情。

现在人们测量空气的湿度，利用的是湿度计，但是恐怕你不知道，先前，人们却是利用老鹳草的果实来测量空气湿度的。现在你知道它的小尾巴有多么灵敏了吧！人们只要把这种种子的小尾巴固定在一个位置，它就会来回移动，这样就可以知晓那个地方的空气湿度怎么样了。

尼·巴甫洛娃

防患于未然

如果正巧闪电击中森林里面的枯树枝，那可就要着火了。如果有人把没有熄灭的火柴扔到森林里，那也是要起火的。如果人们没有把火熄灭就走，那就更加危险了。

只要有哪怕是一点明火。它就会立刻像小蛇一样，到处乱跑，从一堆枯

枝钻到另一堆枯枝，然后引发一场森林大火。【❀比喻：把明火比喻成"小蛇"，形象地写出了明火蔓延的速度之快，不容小觑。】

这个时候，时间是很宝贵的，一秒都不能耽搁。

如果火势很小、很弱，你自己就能把火扑灭的话，那么你赶紧折一些新鲜的带绿叶的树枝来扑打火苗吧，尽自己最大的努力去扑灭它，别让它蔓延下去。

如果火很大的话，那你就赶紧找你的朋友来帮忙吧。千万别耽误了最佳灭火时间。

如果这时候你手里正好有铁锹或者哪怕是结实点的木棍，你就赶快挖些泥土，把那些火苗盖住，这样火势就不会蔓延了。

如果火苗已经蹿到了天上，在大树之间到处乱跑，这就是森林火灾了，这不是一两个人所能够解决的问题，那你就赶紧去找人救火吧，或者赶紧发出警报。

维利卡

我的 好词好句积累卡

蔓延　耽误　无影无踪　防患于未然

越橘的浆果是长在枝头上的，并且长得又大又密，那些树枝都快被压弯了，几乎触到地面上来。

帮助景天播种的，不是风，不是鸟，也不是野兽，而是水。

森林中的战争

（续前）我们的森林记者已经来到第三块砍伐地。伐木工人们十年前在这里开辟了砍伐地，这么多年来，这片土地就一直被白杨和白桦统治着。

这些白杨和白桦霸占着这块地，从来不给别的植物一点机会。每年春天，那些小草刚从泥土里钻出来，很快就被那些浓密的阔叶帐篷闷死了。每隔两三年的时间，云杉就要派遣它们的子民们杀到这片土地上来。但是，结果和那些小草一样，云杉的子民们还没来得及从地里钻出来，就被那些白杨和白桦给闷死了。

那些年轻的小树不是按天长大，而是按小时在生长着。那些浓密的小树矗立在这片砍伐地上，长得比以前更加密实了。所以，它们彼此间也经常纷争不断。

每棵树都希望有更多的空间来发展自己，所以无论是在地下还是地面，每棵小树都是越长越宽，一个劲地去挤对它的邻居，【🖋 **动词**：形象地写出了树与树之间复杂、隐秘的斗争场景。】丝毫没有什么规矩可言，简直混乱极了。

那些强壮的小树要比弱小的长得快许多，树强壮了，根也就强壮了，树枝就会更长。它们从旁边小树的头顶上把树枝、树叶伸出来，然后把阳光全部抢过来，这时候那些被遮挡的小树可就遭殃了。

在那些大树的遮挡下，最后一批小树也倒了下去，再也站不起来了。那些矮小的草费了好大的劲才从地下钻了出来，不过对于那些高大的树木，它们是构不成什么威胁的。那就让它们在脚下生长吧，这样，冬天的时候脚底下还能暖和一点。

每隔两三年，云杉还是会派遣它们的子民们来拓展新的疆土。至于那些小草，它们根本就不放在眼里，它们关心的只是如何才能够在这片由白杨和白桦统治的土地上生存下来。就让那些小草折腾去吧！

最终，小云杉还是从地下长出来了。在黑暗和潮湿的环境当中，它们的日子过得可真艰难，但是只要有一点阳光，它们的生长就没有问题了。

说起来这里还真不错，至少寒冷的冬天和早春伤害不了它们。这里和光秃秃的砍伐地是有着天壤之别的。【❀成语：这个成语说明了这片土地和光秃秃的砍伐地的生存环境有很大的差别。】秋天到来的时候，所有的叶子都会落到地上，发热，腐烂，现在它们忍受的是无边的黑暗。不过它们一直在

坚持着。

小云杉对阳光的要求不像小白杨和小白桦那样强烈，只要有一点阳光就足够了，它们只要忍耐，就能够生长。

我们的森林记者很想看看那些云杉到底会怎么样，但是采访任务不容耽搁，所以还是离开，赶着去第四块砍伐地了。

我们只需要耐心地等待他们的报道。

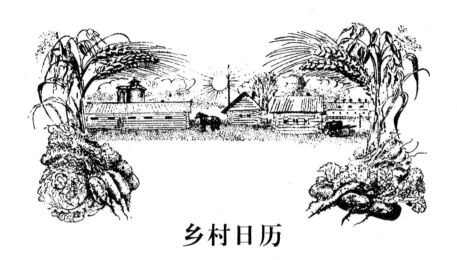

乡村日历

现在已经到了收割庄稼的时候。那些黑麦田和小麦田一眼望不到边，就好像无边无际的海洋一样。那些麦穗长得又高又壮实，低下了沉重的头，每根麦穗上都是颗粒饱满的。

亚麻也到了成熟的季节。现在人们用收割机来收割亚麻，机器的收割速度要比人工的快很多。妇女们只需要跟在机器后面，把一行行倒下来的亚麻捆成束，再把一束束亚麻堆成垛就可以了。看来现代化就是好哇！**很快，亚麻田里就会立起一排排的亚麻垛，就像守卫在农田里的哨兵一样。【❀比喻：把亚麻垛比喻成"哨兵"，非常形象地写出了亚麻排列整齐的样子。】**

鉴于这种情况，山鹬不得不举家搬迁，从秋播田搬到春播田里去了。

黑麦田里的人们正在忙碌着。那些肥硕、结实的麦穗在收割机的收割之下，一排排地倒了下来，人们把麦子捆起来，堆成垛。黑麦田里的麦垛也越来越多，就好像运动员在参加盛大的庆祝活动一样。

菜园里的胡萝卜、甜菜和其他蔬菜也都成熟了。人们把它们装上了火车，再用火车把它们运到城里去。这样城里人就可以品尝到新鲜的蔬菜了，这可是最令人高兴的时候。

森林里到处都是采蘑菇、树莓和蔓越橘的人。小孩子待在榛子林里采榛子，直到把口袋装得满满的，才会兴高采烈地走出来。

而成年人可没时间采集这些东西，他们还要忙着割麦子、亚麻，然后再用犁把所有的田地深耕一遍，因为秋播马上就要开始了。这可是一件不能耽误的活计。

植树造林

我们国家的很多森林都在战争期间被破坏掉了。现在那些森林工作者正在努力恢复森林的原状，我们的许多中学生也参与到这项工作当中。

如果要栽一片新的松叶林的话，需要上百千克的松子。孩子们用了将近三年时间才收集到7吨多松子。他们帮助森林工作者们翻土，培育幼苗，还参与了森林防火队的工作。

劳动光荣

早晨，天还没有完全亮起来，我们所有集体农庄的社员们，就都开始工作了。不管大人们去哪里，孩子们都得跟着。在割草场、田间、菜园里，到处都能看到孩子们忙忙碌碌的身影，他们在帮大人们干活。

看，来了一群扛着耙子的孩子。他们很快就把干草耙到一起，送到大车上去，然后再送到集体农庄的干草棚里去。

除掉杂草也是他们的活，他们经常去亚麻田和土豆地里除那些杂草，比如香蒲、滨藜和木贼等。

到了拔亚麻的时候，孩子们早早地

就来了，他们来得比拔麻机还早。

他们拔掉麻田角落里的那些亚麻，这样，拔麻机在转弯的时候，就可以没有任何遗漏的地方了。

收割黑麦的时候，这些孩子也是有很多事情需要做的。在收割机走过，大人把麦子垛起来以后，他们用耙子把掉在地上的麦穗耙到一起，收集起来，争取做到颗粒归仓。

农庄里的新闻
（尼·巴甫洛娃）

森林新闻

在森林里，第一只白蘑已经从地下长出来了，又大又结实！蘑菇的帽子上有个小坑，周围是一些潮湿的穗子，上面沾满了松针。白蘑把周围的土地也拱了起来。在这里，你能够找到许多大白蘑及其家族成员。

土豆成熟了

在采访时我们的森林记者发现了这样两块土豆地：其中一块地很大，土豆叶子呈深绿色；另外一块地很小，土豆叶子已经变黄了。第二块地里土豆的叶子是那样黄，以至于我们认为它们已经枯死了或者是生了什么病。

我们的森林记者想搞清楚这到底是怎么回事。后来，我们收到了一封信。

"就在昨天，那块变黄了的土豆地里来了一只大公鸡，它刨开了泥土，同时还叫去了一些母鸡，请它们去吃新鲜的土豆。这件事正巧被一位妇女看

几只公鸡在刨土豆，两个妇女在一旁笑着评论这件事

见了，她就笑着对她的女伴说：'你看，连公鸡都来帮我们收头批土豆了。看来，我们应该挖土豆了，明天我们就开始干吧！'"

这下问题就弄清楚了：原来那块发黄的土豆地里，有头批种上的土豆，它们已经成熟了，所以叶子才会变黄；而那块深绿色的田地里种的则是晚土豆，所以叶子还是深绿色的。

鸟的天堂

现在我们正坐着船沿着喀拉海东部航行，船的周围是一望无际的海水。

突然间，坐在桅杆顶上的监视员惊呼起来："在我们的正前方有一座岛，不过是倒立的！"【🖋 语言描写：表现了监视员在见到海市蜃楼时的惊讶和好奇。】

"会不会是产生幻觉了？"我一边想着，一边也爬到了桅杆顶上。

这下我也看清楚了，现在我们的船正向着一座小岛的方向前进，不过这座岛真是倒立在空中的。

那些岩石都在半空中倒挂着，没有一点东西托着它们。

是海市蜃楼，想到这里，我不由得笑了起来。

"我亲爱的朋友，"我对他说，"你的脑袋是不是进水了，你又不是没有见过，这不是再正常不过的海市蜃楼吗？"

因为这里是极地，所以经常会碰到这种海市蜃楼，或者我们称之为折射现象。在某个时候，你会突然发现远方的海岸或者船倒挂在空中。其实它们是实实在在的物体在空中的倒影，这和照相机的成像原理是一样的。

又经过了几个小时，我们的船终于来到了那个远处的小岛。现在，它实实在在地就在我们的面前了。当然，它也不会是倒挂在空中的了。

船长用罗盘测了测方位，又看了一眼地图，然后告诉大家："这就是比安基岛了，位于诺登舍尔德群岛的海湾入口处。这个岛的名字是为了纪念我们伟大的科学家瓦连京·利沃维奇·比安基，他也正是我们《森林报》所要纪念的一位科学家。可能大家都想看看这个岛上面有什么东西吧？其实我也是一样的。"

其实这个岛更像是一个乱石堆，到处都是巨大的石头，当然还有一些石板。这些岩石上既没有灌木丛，也没有青草，只有一些淡白色或淡黄色的小花。在那些朝阳的岩石上，到处都是地衣和苔藓。有一种苔藓让我感到亲切，让我想起了我们家乡的平茸蘑菇，很软但是很肥。这是我在别的地方从来没见过的一种苔藓。

在倾斜的岸边上，我们看到大堆的木头，有圆木，还有树干和一些木板，我想一定是海水把它们冲到这里来的，也许它们已经漂浮了几千千米，才来到这个地方。现在这些木头是非常干燥的，你用手指轻轻一敲，就能听到清脆的响声。

现在正值7月末，在这里，夏天才刚刚开始，但这并不妨碍那些晃人眼睛的大小冰山出现，当然也不妨碍那些冰山从岛旁静静地漂过。浓雾低低地笼罩在海面上。过往的船只只留下桅杆的影子，你却看不见船身，因为能见度是很低的。不过，这里是很少有船驶过的。因为这个岛是个无人岛，所以岛上的野兽一点都不怕人，要想把它们捉住，你只要往它们的尾巴上撒点盐就可以了。

这里是真正的鸟的天堂。这里没有鸟的喧闹声，也没有那种成千上万的鸟挤在一起做巢的情况。这些鸟都可以自由地在这里选择自己的家园。我们看见无数的野鸭、大雁、天鹅、潜鸟以及各种各样的鹬，它们都在这里做窝。

住在上面的光秃秃的石头上的有海鸥、北极鸥和管鼻鹱。这里的海鸥种类可真多呀，<u>有白海鸥、黑海鸥，还有身材娇小、长着粉红色羽毛、尾巴像叉开的剪刀的海鸥，也有身体庞大、性情彪悍的北极鸥。</u>【🖊排比：运用排比的修辞手法，表现了海鸥的种类繁多。】北极鸥和别的海鸥不一样，这家伙什么都吃，鸟蛋也好，小鸟也好，小野兽也好，它都照吃不误。这里还有极地猫头鹰，它的羽毛像雪一样白。美丽的雪鸮也是这里的常客，它抖动着白翅膀，挺着白胸脯，飞到云端里尽情地歌唱。那些极地百灵一边跑一边唱，一副悠闲的样子。不过它们长得可真够奇怪的：黑"胡子"、黑"犄角"……

这里的野兽也很多，可以说是数不胜数。

早上，我的身边就有许多旅鼠跑来跑去。它们浑身毛茸茸的，有灰色的，有黑色的，也有黄色的，颜色五花八门。它们属于啮齿类动物。

岛上还有很多也被叫作极地狐狸的北极狐。我发现一只北极狐蹲在两块石头中间，它正偷偷摸摸地靠近一群小海鸥，这些小家伙现在还不知道什么叫作危险呢！突然，一群大海鸥发现了那只北极狐，转过身，发出阵阵尖叫，潮涌般扑了过来。那只北极狐一看情况不妙，急忙灰溜溜地逃跑了。

这里的鸟很会保护自己，尤其是那些雏鸟，它们从来不会受一点点委屈。这样一来，那些野兽可就只有挨饿的份了。

我向海里放眼望去，海面上到处都是游泳的鸟。

我吹了一声口哨。岸边的水底下突然钻出一个油光锃亮的脑袋来，它用黑色的眼睛好奇地打量着我，一动也不动，【❀外形描写：简单的外形描写表现了海豹的憨厚可爱与见到不明来客的惊奇。】好像是在询问："你是从哪里来的，为什么要打扰我们呢？"

一只环斑海豹出现在海面上，这种海豹个头并不大。

后来，稍远一点的地方出现了个头稍微大一点的海豹。再后来，个头更大的海象也出现在海面上。忽然，所有的海豹、海象都从水面上消失了，鸟也尖叫着飞到了空中。原来来了一只白熊，它的脑袋露出水面，这些动物见到它就吓跑了。白熊可是极地最凶猛、最强悍的一种野兽，没有什么动物敢冒犯它。

我忽然觉得饿了，这才想起来早饭还没有吃呢！我清楚地记得，我把早饭放在了身后的石头上面，可是现在却没有了，怎么找也找不到。

我站了起来，四处张望。

这时，一只北极狐突然从石头后面蹿了出来。

我突然间明白了，原来是它偷走了我的早饭，我看见它的嘴里还有我包面包的早餐纸呢！它真是"出其不意，攻其不备"呀！

想想这群野兽也真够可怜的，不敢明目张胆地吃那些鸟，就只有偷的份了。

林中狩猎

　　现在，对于我们来说能打到什么野味呢？那些小鸟还没有长大，还不会飞翔，在法律上我们是不能够猎杀这些小家伙的。

　　不过，对于那些危险而有害的猛禽和野兽来说，法律是不管用的，对待那些猎物我们从来都不会<u>心慈手软</u>。【✦**成语**：这一成语表现出当时的人们对那些危险而有害的猛禽和野兽没有同情心，将其作为猎杀对象。】

讨厌的家伙

　　夏天的晚上，如果你走出家门，经常会听见树林里传来的怪声——"嚯，嚯，嚯""哈，哈，哈"，听过之后会让人感觉到毛骨悚然，浑身起鸡皮疙瘩！

　　有时候，在阁楼里或者在屋顶上，你也会听到有人在黑暗中闷声闷气地大叫，好像在那里催促："快走，快走！快去坟头！"

正在这时，漆黑的夜空里突然出现了一双凶神恶煞的眼睛，发出鬼火一样的光芒。【🔍比喻：生动形象地为我们展现了猫头鹰在夜晚那恐怖的样子。】一个影子在你身边悄无声息地闪过，在你面前掠过一阵凉风。这时，你真的能够镇定自若吗？

正是出于这种原因，人们才恨透了那些猫头鹰。树林里的猫头鹰每天晚上都会发出瘆人的叫声，而住在人家阁楼上的猫头鹰，则会不停地催促："快走，快走！快去坟头！"

就算是大白天，如果猫头鹰在一个黑乎乎的树洞里，突然探出头来，瞪着贼亮的眼睛，伸出钩子一样的嘴巴，在那里发出"吧嗒吧嗒"的声音，也会是让人感到害怕的一件事情！

如果是在半夜里，家禽突然受到了惊吓，鸡发出"咯咯咯"的叫声，鸭"嘎嘎嘎"地怪叫着，鹅也在"嘎嘎嘎"地叫，那一定与猫头鹰有关。第二天早晨，主人如果发现少了一两只家禽，就会大声地诅咒，一定会把账记在猫头鹰身上。

白天抢劫

偷东西的情况不只是晚上才有，即使是在白天，这种情况也时常会发生。那些猛禽会让这些家禽不得安宁。一不留神，小鸡就少了一只，而那些饲养家禽的人也会怒不可遏。

这只公鸡刚刚跳上篱笆，鹞鹰一下子就把它抓住了！有的鸽子刚从房檐上飞起来，还没有反应过来，就被不知从哪儿冒出来的一只游隼叼走了，留在地上的和漫天飞舞的都是鸽子身上的羽毛。想想都快被气疯了！

如果那些猛禽落到痛恨它们的庄员手里，那它们可就没命了。庄员也不管三七二十一，只要这鸟的嘴是钩形的，爪子是长长的，二话不说，立刻就会将它打死。不过，如果猛禽都被打死，或者都被赶跑的话，那庄员可就要追悔莫及了。【🌸成语：这个成语简洁地告诉我们在对待那些猛禽的时候一定要理智，不能因为它们伤害过家禽就将它们全部消灭，否则会引发生物链的不平衡。】因为田里的鼠将会大批量地繁殖，那些金花鼠会把庄稼全部吃光，菜园里的白菜也会被那些兔子啃得光秃秃的，只剩下菜根。

这就是破坏生物链带来的恶果，所以对待这些猛禽是要讲究策略的。

分清敌友

为了避免这种情况的发生，我们就要学会区分哪些鸟是我们的敌人，哪些鸟是我们的朋友。那些攻击野鸟和家禽的猛禽就是我们的敌人，我们应该坚决地消灭它们。而那些消灭田鼠、金花鼠和其他对我们有害的啮齿类动物及害虫——蚱蜢、螽斯等的猛禽则是我们的朋友，我们应该更好地保护它们。

鸮，虽然它们模样很可怕，但是它们大部分是益鸟。还有两种大鸮，一种叫作大角鸮，另一种就是圆脑袋的大鹰鸮，它们是有害的。不过，它们也不是全无好处，它们会经常帮助我们捕捉啮齿类动物呢！

在那些白天活动的猛禽当中，最有害的要算是老鹰了。我们这儿的老鹰有两种：硕大无比的游隼和身材较小的鹞鹰（鹞鹰的身体比鸽子的稍微长一些）。

我们很容易就能把老鹰与其他猛禽区别开来。老鹰的身体一般都是灰色的，胸脯上有杂色的纹路；它们的脑袋比较小，前额也很低，眼睛是淡黄色的，翅膀是圆形的，尾巴很长。【✦ 外形描写：细致的外形描写精确地呈现出老鹰和其他猛禽的区别。】

老鹰是非常强大和凶悍的，就算面对个头比它们大很多的鸟类，也会毫不犹豫地发动攻击；甚至有时候它们已经吃饱了，见到鸟，也会毫不留情地扑上去。

鸢的尾巴是分叉的，比较容易辨认，它比老鹰弱多了。它绝对不会与那些个头比自己大的动物为敌。它到处寻找，只有看到那些笨头笨脑的小鸡，才尝试着抓走它们，或者去寻找一些腐烂的尸体来填饱肚子。

对于我们来说，大游隼也是敌人。它的翅膀尖尖的、弯弯的，像两柄镰刀。这双翅膀能够保证它们比其他鸟飞得快，它们经常在高空中就把猎物杀死了，这就避免了在地上与猎物搏杀的诸多不便。

在那些小个子的游隼中，有一些还是对我们非常有益的，所以我们最好不要去动它们，例如红隼。

在田野上，我们经常看到在低空中飞行的红褐色的红隼，它悬在半空中，就好像有根看不见的细线把它挂在云彩上似的。它抖动着翅膀（正是因为这样，人们才把它称为疟子鬼），在草丛里搜寻鼠、蚱蜢、螽斯等动物。

总的说来，雕带给我们的害处多一些，而带给我们的益处就少了。

守在巢旁

对于那些有害的猛禽，我们全年都可以去打击它们，但是狩猎也有各种各样的方法，最方便的方法当然是在巢旁守候它们。当然，这也是一种最危险的方法。

为了保护自己的幼鸟，这些大鸟会狂叫着不顾一切地向人直扑过去。这时候就是考验你狩猎经验的时候，你必须立刻开枪，并且枪法要准，要老练，否则，你的眼睛可就保不住了。不过，想要准确地找到它们的巢也不是一件容易的事情。雕、鸥鹰、游隼等猛禽都把自己的住宅安置在悬崖峭壁上，或者人迹罕至的原始森林里的那些高大的树上。【成语："人迹罕至"简洁地表现了原始森林的寂静与荒凉，也写出了这些猛禽的生存环境。】像大角鸮和大鹰鸮就把巢建在岩石上，或者地上，或者浓密的原始森林里。

偷　袭

雕和老鹰常常会飞到干草垛上，或者白柳树上，它们还会单独站在一棵枯树上，它们在那里到处寻找猎物，这时候人要想走近它们就很困难了。你如果还想打到它们，可就得用偷袭的办法了。你可以躲在灌木丛或者突出的石头后面，用远射程的来复枪向它们射击。

用大角鸮做诱饵

为了能够把那些白天出来的猛禽赶走或者打死，人们在狩猎的时候通常会带上一只大角鸮做诱饵。

猎人找了一个小山包，这是一个很好的伏击的地方。他把一根木棍插在土里，木棍上带着横梁。离不了几步远，又在地上插了一段干枯了的树木，最后在旁边搭了一个小帐篷，猎人就埋伏在里面。

早晨，猎人把一只大角鸮带了过来，把它放在带横梁的木棍上拴好，然后自己躲到帐篷里观察情况。

用不了多长时间，鹞鹰和游隼就发现了这个丑八怪，它们欣喜万分，立刻就扑了上去。大家都屏住了呼吸，看着眼前这精彩的一幕，他们对这些猛禽实在是恨透了。

那些鸟在半空盘旋，向大角鸮反复发动攻击，有时候还落到枯树枝上，大声咒骂那个强盗。

大角鸮的样子有些可怜，它被系到了木棍上，全身的羽毛竖着，眼睛一眨一眨的，张着嘴，不过它现在什么也做不了。

这时候愤怒的猛禽是根本不会理会那个小帐篷的，这可真是一个最佳的时机，还犹豫什么呢，请抓紧时间开枪吧！

夜间狩猎

在夜里出去打猛禽是最有意思的事情。打猎的时候，我们一定要弄清楚一个问题：老雕和另外一些大猛禽飞到哪儿过夜。其实要知道这一点，也并不是很困难。例如，在没有悬崖的地方，雕经常会在一些远离森林的大树顶上睡觉，只有这个地方，才令它感到是安全的。

这时候是猎人下手的最好时机，他们会在一个黑夜里，来到这样的树旁。

雕还在熟睡中，它完全不知道猎人已经来到树下。突然间强光灯（电动

灯或者电石灯）发出的一束刺眼光线射向了雕。它还来不及反应，就被这<u>出其不意</u>的光线照醒了，【❀成语：这个成语把猎人的机敏和猛禽的毫无防备简洁地写了出来。】这时候它还是晕晕乎乎的，就像傻子似的蹲在枝头上，一动也不动。而猎人可是看得清清楚楚，他瞄准那只雕，果断地扣动了扳机。

开始夏日打猎

自7月末解除关于打猎的禁令以来，猎人就已经等不及了。鸟已经长大了，但是具体的允许打猎的日期那时还没有公布。现在可终于盼到了。报纸上已经公布，从8月6日开始，允许去森林里和沼泽地里打猎。每个猎人都把弹药装得满满的，背上不知道擦拭过多少次的猎枪。

8月5日那天，下班以后，你能看到火车站里挤满了带着猎枪、小猎狗出门的猎人。我真没想到会有这么多猎狗。那些短毛猎犬和长毛猎犬，尾巴直得像鞭子一样。并且什么颜色的猎狗都有：白色的、黄色的、棕色的，不过都带有一些斑点；还有一些白色猎狗的眼睛上带着一撮黑毛；当然也有深咖啡色的浑身闪着黑光的猎狗；有一些猎狗，毛很长，有灰黑色的，也有红色或黄褐色的。猎狗的确是种类繁多。不过，那些个头比较大的猎狗好像显得比较笨拙，行动也非常迟缓。

这些猎狗的目标是一致的：鸟。在这之前，它们都经过了严格的训练，它们的嗅觉相当灵敏。一闻到气味，它们就知道哪些地方会有猎物，于是它们就会告诉主人猎物在什么地方。

还有一种毛很长、腿很短、耳朵很大的小猎狗，是西班牙猎犬。它们虽然不会指示方向，但是陪猎人去草丛里打野鸭，去森林里打松鸡，这可是它们的绝活，这一点是其他猎狗所不能比的。

这种西班牙猎犬不仅可以帮助猎人赶出那些藏在水里的鸟，而且在芦苇丛里、灌木丛里，它们也能出色地完成任务。当那些鸟被打死或者打伤的时候，它们就会把那些鸟叼过来给主人。

因为大部分猎人都是坐火车去打猎的，所以那些猎狗是车厢当中的常客，这也就吸引着这些猎人到各个车厢里去看各种各样的猎狗。在车厢里，人们谈论最多的就是猎枪、猎狗、怎么打猎以及野味这些他们感兴趣的话题。这时候猎人们的感觉好极了，他们就好像是英雄一样，那眼神当中分明充满了一种自豪的意味。那些普通的旅客在他们眼里当然是毫无价值的。

第二天晚上，或者更晚一些的时候，火车又会把这些猎人拉回来。不过，不一样的是从这些猎人的脸上看不到一丝笑容，他们随身携带的口袋也是非常干瘪的，看来收获并不是很大。

这时，那些普通乘客就会带着善意的嘲笑的口吻来问那些猎人一些问题。下面就是他们的对话。

"你们打的猎物呢？"

"没逮到大的，我又把它放了！"

"打伤了一只大个的，不过又飞走了……"【✦语言描写：这一段语言描写写出了猎人们没打到猎物有些窘迫，却又不愿承认的情形。】

当然他们不会说没有收获。

车停靠在一个小站上，这时候，车门开了，一个猎人走了进来。他的背包倒是装得满满的，他没有跟其他人说话，只是想找个座位坐下。车厢里的人眼睛里充满敬意，立刻给他让了一个座。他毫不客气地坐下了。眼睛很尖的邻座这个时候突然叫了起来："天哪！你的猎物为什么会有绿色的爪子呀！"

他一下子就把猎人的背包掀开了。

背包里面露出了云杉的树枝。原来那个猎人是怕别人笑话才这样做的，不过现在他闹的笑话更大了，一车厢的人都在谈论这件事情。

写一写，练一练

写出下列成语的意思。

天壤之别：_____

怒不可遏：_____

打靶场

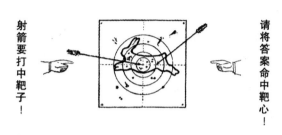

射箭要打中靶子！

请将答案命中靶心！

第五期竞答题

1. 什么时候鸟长出牙齿？

2. 什么样的牛吃得饱一些？是有尾巴的，还是没尾巴的？

3. 为什么人们把这种蜘蛛（见右图）称作"割草机"？

4. 什么时候猛禽和猛兽吃得最饱？

5. 什么动物生两次、死一次？

6. 什么动物在成长以前要成年三次？

7. 当人们形容对人没有丝毫影响的事情时，为什么会说"好像鹅背上的水"？

8. 为什么狗热的时候吐舌头，而马不吐？

9. 哪种小鸟不认识自己的妈妈？

10. 哪种鸟的雏鸟像蛇一样在树洞里发出"咝咝"的声音？

11. 怎么根据喙区别白嘴鸦是年轻的，还是年老的？

12. 哪一种鱼在自己的孩子没长大的时候会照顾它们？

13. 蜜蜂蜇人以后，它自己会怎么样？

14. 刚生下来的蝙蝠吃什么？

15. 中午的时候，向日葵朝向哪里？

16. 野公牛在山上跑，野鸟在山缝里跑；一个不停地眨眼，一个放声大叫。（谜语）

17. 早晨，田野是浅蓝色的，中午的时候，变成了绿色。（谜语）

18. 几个"小老头"带着红帽子站着，谁要是走近它们，就得给它们鞠个躬。（谜语）

19. 坐的是一根细棒子，穿的是一件红衫子，突出亮晶晶的小肚子，小肚子里装满了小石子。（谜语）

20. 在灌木丛里"喳喳"地叫，张口往你脚上咬。（谜语）

21. 躺在地上睡觉，早晨就不见了。（谜语）

22. 住在树林里头，盖没棱角的房子时不用斧头。（谜语）

23. 眼睛长在角上，房子背在背上。（谜语）

24. 花朵美丽，爪子尖利。（谜语）

公　告

请帮助流浪鸟

那些雏鸟大都在7月出生。不过经常会有一些小鸟从巢里掉下来，或者一不小心和自己的妈妈走散。当你遇到这样一只小鸟的时候，它会无助地把头钻进灌木丛或者草丛里，尽量躲开你。这时候，它的脚还太弱小，翅膀也还飞不起来，它真的不知道自己应该怎么办才好。你一下子就可以捉到它。当你把它拿在手里端详的时候，你肯定会想："它是哪一种小鸟呢？它怎么会在这里？它的妈妈在哪里呢？"

不过它是不会理会你的，它只会一个劲地哭，小鸟哭的样子，真的是很可怜。它一定是在寻找妈妈吧！这时，你会想着把它送到它的爸爸妈妈那里去。可是问题是你根本不知道它的爸爸妈妈是谁。

这时，你一定会抓耳挠腮地想到底该怎么办。这个时候你就该好好地想想办法了，看看这到底是一只什么样的鸟。不过要猜出它是什么鸟还真是比较困难，因为它长得一点都不像它的爸爸妈妈。而鸟的爸爸和鸟的妈妈长得也不太像。不过，如果你的眼睛足够锐利的话，你就能够发现，这只小鸟的爪子和嘴是什么样子的。根据这些，你就可以找长着类似的爪子和嘴的大鸟了。虽然鸟爸爸和鸟妈妈的大小、形状、颜色、羽毛可能都不一样，但是根据爪子和嘴，你还是能够辨认出它们的。这样的话，你就可以把小鸟送还给它的父母了。这也算是做了一件好事吧！

"锐眼"称号竞赛四

爸爸、妈妈和孩子卷尾巴琴鸡

琴鸡爸爸的尾巴尖是卷起来的，所以我们把它称作卷尾巴琴鸡。不过你不要只顾着去看它的尾巴，如果这样，就不妥当了。因为琴鸡妈妈的尾巴就不是这样，而小琴鸡的尾巴现在还没有长出来呢！

野　鸭

野鸭妈妈的嘴是扁平的。小野鸭的嘴和野鸭爸爸的嘴也是这个样子的。它们的脚趾被蹼连在一起，但是你一定要注意，别把野鸭和鹧鹕看成一样的了。

燕雀妈妈

小燕雀刚出生的时候，跟其他的鸣禽一样，浑身光秃秃的，柔弱无助。燕雀爸爸和燕雀妈妈长得非常相似，身体一般大，长着同样大的尾巴，只是它们的羽毛不一样。只看小鸟的爪子，你就可以知道它是不是燕雀宝宝了。

鸊　鷉

鸊鷉爸爸和鸊鷉妈妈长得非常相似，但是小鸊鷉还是能够一眼就认出来谁是爸爸谁是妈妈，只要看看它们的脚和嘴就会明白，这一点和野鸭完全不同。

红脚隼妈妈

红脚隼的嘴像个钩子，它的爪子锋利无比。当然鹰也是一样的。

　　下面是四种鸟的画像，每种鸟有两只，一只是雏鸟，另一只是它的爸爸或妈妈，没有按照顺序排列出来。请你拿出纸和笔，把它们全都按顺序临摹下来，鸟爸爸画在雏鸟的左边，鸟妈妈画在雏鸟的右边。

森 林 报

成群结队月（夏天第三月）　　　　　　　从8月21日到9月20日

一年12个月的欢乐诗篇——8月

8月，是闪电的节日。夜里，那些闪电<u>悄无声息</u>地照亮了整个森林，【📖**成语**：这个成语形象地写出了闪电来临时毫无征兆且迅速的特点。】转眼之间又没有了。

夏天快要过去了，这是草坪在夏季里最后一次换装。现在，它变得更加色彩斑斓了，草地上开满了蓝色、淡紫色的小花。太阳也不像原来那么炽热，变得柔和多了。现在到了收集、储藏夏季阳光的时候了。

那些果实大都成熟了，比如蔬菜、水果。一些晚熟的浆果，像树莓、越橘也快要成熟了；生长在沼泽地里的蔓越橘，还有长在树上的山梨，也慢慢成熟起来。

蘑菇是一种喜阴的菌类，它一直躲在阴凉处，避免太阳的照射，就像小老头。

树木已经不再长高了，现在它们开始横着长，变得越来越粗了。

森林里的新习惯

那些孩子现在都长大了，它们从巢里爬了出来，开始跟着爸爸妈妈到处乱跑。

在春天里，鸟都是成双成对地生活在自己的领地里。可是现在不同了，它们正带着孩子们满树林地闲逛呢！

森林里的居民也都忙活起来，互相串起门来了。

就算是猛兽和猛禽，也都不再像以前那样自私了，现在它们似乎不再管理自己的领地了。野味到处都是，大家都有的吃，为什么还要那样斤斤计较呢？【✿成语：写出了以前那些鸟兽为了生存与别的动物互相争夺、毫不退让的情况。】

貂、黄鼠狼和白鼬在树林里到处乱跑，现在的食物充足多了，到处都是。比如天真的小鸟，没有经验的小兔子，粗心大意的小老鼠，都会成为它们的美餐。

那些鸣禽集合成一群，在灌木丛和树林之间旅行，这时候它们才算是完成了保护幼鸟的使命。

每个鸟群都有自己的习惯。对于它们而言，规矩是亘古不变的：人人为我，我为人人。

第一个发现敌人的鸟，尖叫一声或者吹一声长长的口哨，提前向大家报警，让大家赶紧逃命。如果有一只鸟遇到突然袭击，大家就会一起飞起来，大声呼喊着把敌人吓得屁滚尿流。

一百对眼睛和一百双耳朵观察着敌人，一百只嘴随时准备将敌人击退。那些鸟都希望加入群里。

鸟群里面有一条不成文的规定：要向那些老鸟学习，不能造次。老鸟啄食的时候，小鸟也可以啄食；老鸟抬起头来一动不动地站在那里，小鸟也是不能随便乱动的；老鸟突然想逃跑，小鸟也要跟着一起逃走。

艰苦的训练

"注意！注意！我们到了！"

鸟一只接一只地落在林中的空地上。在田野中间的空地上，一群年幼的鸟正在学习跳舞，练着体操，做出大跳、转圈、打拍子等各种各样灵巧的动作。有一项练习是最困难的：用嘴把石头抛上天空，然后再用嘴把石头接住。

大家都积极地在为远行做着准备。

训练场上

鹤和琴鸡都有块训练场用来训练幼鸟。

琴鸡把训练场设在森林里。琴鸡妈妈把孩子们聚在一块儿，琴鸡爸爸教它们怎样做动作。

琴鸡爸爸"咕噜""咕噜"地叫，小琴鸡也跟着"咕噜""咕噜"地叫。琴鸡爸爸"啾弗——费，啾弗——费"地叫，小琴鸡也跟着"啾弗——费，啾弗——费"地叫，虽然它们的嗓子还是又细又尖的，可是现在它们的叫声跟春天的时候已经不太一样了。春天的时候，它们的叫声听起来好像在说："卖掉皮袄，买件大褂。"现在则变成了："卖掉大褂，买件皮袄。"想来它们的叫声也是和季节有紧密联系的。

小鹤排着整齐的队列来到了训练场上。它们正在学习飞行时如何才能保持正确的"人"字形队列。这是它们必须学会的，这能让它们在长途飞行的时候，节省不少力气。我想人类制造飞机的时候，肯定也利用了这一原理。

在这个队伍里，飞在最前面的是一只最强壮的老鹤。它是这个队伍的先锋。在起飞的时候，鹤群当中数它出力最多，当然这对它而言也是一件责无旁贷的事情。【🏹成语：写出了鹤群当中有资历的老鹤接受领头鹤的任务时

的义无反顾。】

当它感觉到疲劳的时候，就会飞到队伍的末尾，这个时候，另外一只强壮的老鹤将作为替补，继续执行飞行的任务。

那些年轻的小鹤紧跟在老鹤的后面，有节奏地扇动着翅膀。强壮一点的，就飞在前面，弱一点的，就跟在后面。这种队形非常好，可以很容易地冲破气浪，就像小船在波浪中航行一样。

蜘蛛的飞行

没有翅膀，怎么能够飞行？

那可就得找点窍门了。你看，这几只小蜘蛛现在就变成飞行员了。

几只小蜘蛛从肚子里吐出细丝挂在灌木丛中。风有点大，吹得细丝摇摆不定，可是蜘蛛丝很坚韧，无论风怎么吹，就是吹不断，这一点和蚕丝一样。

几只小蜘蛛趴在地上，不停地吐丝，蜘蛛丝缠绕在地面和灌木丛之间并且把这些小蜘蛛也缠了起来，裹得严严实实的，现在这些小蜘蛛就像是蚕蛹一样，但它们还是没有停下来的意思，继续为自己的梦想而努力。

蜘蛛丝越来越长了，风刮得也越来越大了。

它们用脚牢牢地支撑住身体，紧紧地抓住地面。

你看，你看！现在小蜘蛛就要出发了。它们咬断了树枝上的细丝，已经飞上了天空，成功了，它们现在真的成了飞行员。

小蜘蛛像飞艇一样在半空中飞行，一会儿穿过草地，一会儿穿过森林。

这时候，小蜘蛛该考虑在什么地方着陆了。一看下面是一片森林、一条小河，小蜘蛛继续朝前飞去。

现在它们来到一个院子的上方，一群苍蝇正围着粪堆转来转去，小蜘蛛一看，心想：就是这里了。于是它们就停了下来。

它们解开蜘蛛丝，开始降落了。它们小心翼翼地控制着速度，终于安全地到达了地面。蜘蛛丝挂在了草垛上，小蜘蛛把蜘蛛丝绕成团，钻了出来。【🖊动作描写：这一段动作描写非常精彩，表现了小蜘蛛结网本领的高超。】

现在它们可以在这里成立新家了。

其实，在天气晴朗干燥的秋天，有很多小蜘蛛都是这样从一个地方迁徙到另一个地方的。难怪有些不知情的人会说："你看，现在秋老虎也老了，它的头发都变成了灰白色。"

我的 好词好句积累卡

悄无声息　色彩斑斓　责无旁贷

夏天快要过去了，这是草坪在夏季里最后一次换装。现在，它变得更加色彩斑斓了，草地上开满了蓝色、淡紫色的小花。太阳也不像原来那么炽热，变得柔和多了。

森林中的大事

羊吃光了树林

一只羊竟然吃掉了整片树林，你或许不会相信，但的确是这样的。

林业员从集市上买回来一只小羊，然后把它带到森林里，拴在一根木桩上，让它吃周围的草。到了晚上，这只羊挣断了绳子，跑掉了。

周围都是森林，找小羊肯定是找不到的，不过这附近没有狼，林业员并不担心，于是跑回家睡觉了。

到了第二天，他开始寻找那只羊，但是并没有找到，接连三天都没有什么结果。正当人们感到失望的时候，那只羊突然自己跑了回来。它"咩咩"地叫着，好像是告诉人们"我回来了"。

晚上，附近的一个林业员气急败坏地跑过来说，【✿**成语：**这个成语形象地把林业员怒气冲冲却又无可奈何的样子表现了出来。】他看护的那片林子里的树苗全部都被那只羊吃光了。

这些树苗是很小的，它们根本没有办法保护自己。任何动物都能够把它

林业员把买回来的小羊拴在森林里的木桩上

们消灭掉，所以，羊把它们吃光就是件轻而易举的事情。

当然，对于羊来说，那些小树苗看上去漂亮不说，还非常可口，所以羊是比较喜欢吃那些树苗的。

但是，羊是不敢碰那些成年的松树的，因为那些松针会让羊叫苦不迭。

群策群力抓强盗

那些黄鹂莺正在森林里到处转悠着捉虫子吃。它们从这棵树飞到那棵树，从这一片灌木丛飞到那一片灌木丛，姿势也非常优美。那些青虫、甲虫、蝴蝶无处藏身，只能被吃掉。它们搜索得非常仔细，不管那些虫子藏在什么地方，都会被找到。

这时一只小鸟突然惊慌失措地叫了起来，所有的鸟都提高了警惕。原来，有一双眼睛正在窥视它们，【✦动词：用这个动词把貂那贼头贼脑的样子写得活灵活现。】再观察一下，就会发现那是一只貂，它躲在两段树根中间，就像树根一样，你如果不用心观察，肯定不会意识到它的存在。它的身躯像蛇一样光滑，眼睛里闪烁着光芒。

一时间，所有的鸟都叫了起来，那些黄鹂莺一哄而散，飞走了。留下空荡荡的一棵树在那里。那只贼头贼脑的貂也消失在树根间。

白天还好办，只要一只鸟发现敌人，所有的鸟就都能逃走。晚上就麻烦了，小鸟们都睡觉了，它们的敌人可不是这样的。你看，猫头鹰瞪着贼亮的眼睛，轻轻地扇动翅膀，只要看到小鸟，它就悄悄地飞过去，等到小鸟发现的时候，又立刻乱成一团。虽然它们急急忙忙地逃跑，但是总会有那么一两只倒霉的家伙逃脱不了，于是就没命了。

一群小鸟正在森林里跳舞。它们从这个地方飞到那个地方，飞过茂密的森林，穿过层层树叶，来到一个很隐蔽的角落。

突然，它们发现一根木桩上长出了"木耳"。那"木耳"很大，毛茸茸的。小鸟们高兴极了，因为这里有它们喜欢的蜗牛。

于是它们匆匆地飞了过去。那"木耳"忽然动了起来，一双凶狠的眼睛紧紧地盯着这些小鸟。小鸟惊叫起来，慌作一团。原来那是猫头鹰。可是它们并没有逃跑，而是"呼啦"一下，全部围了过来。

猫头鹰气急败坏，尖嘴巴一张一合，发出"吧嗒""吧嗒"的声音，好像在说："你们这些臭小子，简直是活腻了，竟然敢来打搅我的好梦！"

随着鸟的呼叫声，越来越多的小鸟从四面八方飞来，形成一大片黑压压的乌云。

戴菊鸟从高高的云杉上飞了下来，山雀也跳了出来。它们都投入到这场对猫头鹰的战争当中。它们在猫头鹰面前晃来晃去，嘴里发出阵阵呼叫声，那呼叫声里满含着讥讽，好像在说："怎么样，服了吧，我看你白天还有什么招数？你这个坏强盗！"这个时候的猫头鹰，样子显得非常滑稽，你看它抬着头，吧嗒着嘴，眨巴着小眼睛，不过现在它可是一点招都没有了。【 动作描写："抬着头""吧嗒着嘴""眨巴着小眼睛"这几个动作形象地写出了猫头鹰无可奈何的滑稽模样。】

鸟还是互相招呼着从四面八方飞了过来，越聚越多，黄鹂莺、山雀、老鸦、松鸦都赶了过来，现在这支队伍已经够庞大的了。它们围着猫头鹰尖叫着，发出愤怒的呼喊声。

这时候，猫头鹰真的害怕了，你看它都吓得哆嗦起来了，它心里暗想：趁着它们还没有发起攻击，我还是赶紧开溜吧，再不走就来不及了！于是，它展开翅膀，迅速地逃走了。

那些松鸦跟在猫头鹰后面紧追不舍，猫头鹰在前面仓皇而逃。那场景真是解气。

晚上，我们一定能做美梦的，那些小鸟心里想着。经过这一场示威斗争，那只猫头鹰短时间之内不会再来了。

草莓的新生

在那些森林的边上，草莓已经快要成熟了，现在已经变成了红色。如果不去采摘的话，那些草莓很快就会被小鸟叼走，不过这倒是一件好事，因为这样草莓就能够扩展自己的领地了。种子落下来的时候，草莓就完成了自己的播种任务。当然还有一部分是紧紧追随着母亲的。

你看，在这株草莓的旁边，已经开始长出新的草莓了，那细细的藤蔓向我们诉说着新的生命的诞生，藤蔓的顶部就是一株新草莓。再往旁边看看，也有刚生长出来的草莓，它们的藤蔓四散开来，形成一大片草莓地。这个时候，你如果想要寻找那个草莓母亲，可就得到附近了。

我们看到一株草莓母亲被一圈圈的草莓围绕着，有三四圈之多。

它们扩展领地的方式就是这样的，现在你应该知道了吧！

贪吃的黑熊

一天晚上，猎人从森林里打猎回来。当他走到麦地边上的时候，突然发现一个黑乎乎的家伙正在麦地的边上转悠。猎人警觉起来，他一心想看看这到底是一个什么东西。

这一看不打紧，猎人吓了一跳，原来是一只大黑熊。它正趴在那儿，美滋滋地享用着一捆燕麦，嘴里不断地流出燕麦汁来，并且还不时地发出满足的哼哼声。【❀ 细节描写：这一细节描写表现了黑熊贪吃又满足的样子，语言生动有趣。】

猎人的脑子飞快地运转着，现在他猎枪里仅剩一颗子弹，并且是普通的小霰弹，那是用来打鸟的，对庞大的黑熊来说根本不顶用。

不过他是不会容忍黑熊糟蹋农民的庄稼的。他猛地扣动了扳机，一溜火星，一声枪响，惊动了正在享受美餐的黑熊。它根本不会想到现在这里竟然有人。

黑熊慌忙地站起来，四下里看看，一溜烟地跑到森林里去了。猎人在后面看得很清楚，那只黑熊是一路翻着跟头逃跑的，样子十分狼狈。看到这情景，猎人感到十分好笑，不禁大笑起来，然后他就回家了。

第二天早上起来的时候，猎人心想：我要到麦地里去看看那只黑熊祸害了多少庄稼。于是他就来到了昨天那个地方，这一看他差点笑了出来，原来那只黑熊吓得拉肚子了，路上都是黑熊黄便的痕迹。他顺着痕迹找了过去，只见黑熊躺在那儿，死了。这也算是报应吧，谁让它糟蹋庄稼呢。

奇怪的雪花

昨天，在湖面上发生了一件很奇怪的事情：晴朗的天空突然下起雪来了。那些像棉絮一样的轻盈的雪花在半空中飞舞，眼看着就要落入湖面，却又突然飞旋着上升了。这真是很奇怪的一件事情，天空那么晴朗，太阳照耀着大地，怎么会下起雪来呢？【🏹 巧设悬念：开头这一段描写，设置悬念，引发读者的阅读兴趣：大夏天的为什么会下雪呢？】

问题不久就被搞明白了，原来这不是什么雪花，而是许多长着翅膀的昆虫——蜉蝣。难怪它们没有很快落入湖面呢！它们要尽情地享受这场生命的盛宴，怎么舍得很快就落入湖面呢？

昨天，它们才从水里飞出来。在这之前整整三年的时间里，这些蜉蝣一直生活在黑暗的湖底，和湖底的淤泥为伴，终日吃的也是这些东西。可以说它们是受尽了磨难的。

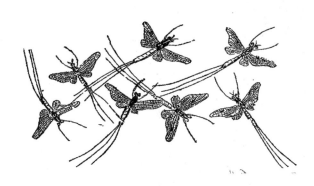

昨天，那些幼虫终于爬上了岸，它们脱掉旧衣服，张开了轻盈的翅膀，伸出了尾巴，快乐地飞到空中去了。它们在空中尽情地舞蹈，丝毫感觉不到疲倦。【🖉动作描写：几个动词的运用把蜉蝣获得新生的那种快乐表现了出来，当然这种快乐的背后也隐含着对生命的不舍和留恋。】因为它们只有一天的时间，一天之后它们的生命就结束了，所以人们把它们称作"短命鬼"。

它们不停地在空中旋转飞舞。雌蜉蝣落到水面上之后，就在水面上产卵，然后死去。

傍晚，夜幕渐渐拉开，岸边和水面上到处都落满了蜉蝣的尸体，它们短暂的生命就这样结束了。

这些卵变成了幼虫，潜到水底，然后在黑暗中度过整整三年的时间，等它们出来之后，又重复这样的宿命——飞翔，然后死亡。

什么样的蘑菇可以吃

雨过天晴，蘑菇又冒出头来，最好的蘑菇当然是那种长在松林当中的白蘑菇。

白蘑菇的学名是牛肝菌。它们长得很肥厚，它们的蘑菇帽呈深栗色，散发出来的气味非常诱人。

有一种叫作油蘑的蘑菇，它们一般生长在林间的草丛中，有时候也会直接生长在车辙中。它们刚长出来的时候，是球状的毛茸茸的东西，非常可爱。可是这个时候的油蘑却是黏糊糊的，蘑菇的上面不是沾满了落叶就是沾满了草秆。

还有一种松乳菇，生长在松林当中的草地上，是棕红色的，大老远你就能看见它们。这种蘑菇特别多也特别大，被虫子咬得满是小洞，不过这种蘑菇也是很好吃的，又肥又厚，中间往下凹，边上卷了起来。

在那些云杉林中也有很多的蘑菇，像树底下就有白蘑菇和棕红色的蘑菇。你不要认为它们和那些松林当中的蘑菇是一样的。这些白蘑菇有些发黄，是又细又长的那一种；而那种棕红色的蘑菇上面带点蓝绿色，有一圈一圈的纹路，就像是那些树的年轮。

在白桦林中和白杨林中也有许多蘑菇，它们分别叫作白桦菌和白杨菌。白桦菌在离白桦林很远的地方也会生长，而白杨菌只生长在白杨树的树根上，看上去很漂亮，就像是亭亭玉立、婀娜多姿的小姑娘。【❀比喻：用"小姑娘"来比喻白杨菌的外形非常贴切，把它俊俏的模样展现了出来。】

如何辨认毒蘑菇

下过雨之后，那些毒蘑菇也随之生长起来了。那些可以食用的蘑菇一般是白色的，不过有些毒蘑菇也是这种颜色。当你采蘑菇的时候，一定特别注意，因为这种毒蘑菇的毒性是比较大的，甚至胜过蛇毒，人如果吃了，恐怕性命就保不住了。

不过，这种蘑菇也是比较容易辨认的。和那些能吃的蘑菇不同的是，这种蘑菇的茎是下边粗上边细的那一种，就像是在一个细口瓶里长出来的一样。这一点和可以食用的蘑菇是完全不同的，应该和毒蝇鹅膏菌很像。也正是因为这样，有些人会把这两种毒蘑菇混为一谈。

还有两种蘑菇也是有毒的，人们经常把它们当成白蘑菇。这两种蘑菇一种叫作胆菇，一种叫作鬼菇。

区别这两种毒蘑菇的办法是这样的：一是从颜色来判断，白蘑菇的下半部分是白色的，而毒蘑菇的下半部分是粉红色的，甚至是深红色的；二是你可以把这些蘑菇的帽子捏碎，如果捏碎以后仍然是白色的，那就是可以食用的蘑菇，如果捏碎以后的颜色是红色的，过一会儿又变黑了，这种蘑菇就是毒蘑菇。【✟ 对比：通过对比可以看出可食用的蘑菇和毒蘑菇之间的区别，教给我们辨别毒蘑菇的技巧。】

如果你已经记下了上面的方法，那么你就不会弄错了。

神秘的白野鸭

湖面上飞来了一群灰野鸭，我在岸边架起望远镜观察它们。突然间，我发现，在那群野鸭中间有一只白颜色的野鸭，在整个野鸭群中它是那样显眼，那些灰野鸭似乎也在有意识地保护着它。

观察后，我发现那只野鸭是一种奶油色的白野鸭。但是在太阳的照耀之下，我发现它突然间变成了雪白的颜色，这使得它更加显眼，除此之外，它和别的野鸭也没有什么明显的区别。

狩猎已经50多年了，我还是第一次见到这种白野鸭。虽然以前我曾经听别人说起过，但这次我是亲眼见到。据说，这种白野鸭一生下来就是这种颜色的，因为其血液里缺少一种色素——灰色素。不过这对于这种白野鸭来说，绝对不是一件好事。灰色是野鸭的保护色，但是这种白野鸭没有，所以在遇到危险的时候，这种白野鸭是最先受到伤害的。

我很希望能够捉到这只鸟，它实在是鸟中的珍品，尤其是它能够从一次次的危险当中逃脱出来，更是一件<u>不可思议</u>的事情。【🖰成语：这个成语说明白野鸭能在这样艰苦恶劣的环境当中生存下来是一件让人感到很惊讶的事情。】我想弄明白这究竟是怎么回事。但是现在看来，并不好办，因为它在湖中间，并且周围有许多的灰野鸭包围着。看来我只有等待机会了，等到它飞过来的时候，我一定要捉住它。

没过多长时间，我就等到了这样的一次机会，不过并没有成功。

那是一天早上，我正在湖边散步，突然间从芦苇丛中飞出来几只野鸭，这其中就有白野鸭。我非常激动，真是"<u>踏破铁鞋无觅处，得来全不费工夫</u>"。【❀俗语：表现了"我"苦苦寻觅却没有办法，现在突然间看到白野鸭时的那种惊喜的心情。】

我赶紧举起猎枪，瞄准那只白野鸭，可是一只灰色的野鸭突然飞了过来，挡在了枪口上，我的枪正好击中它，灰野鸭惨叫一声掉了下来，那只白色的野鸭却趁机逃跑了。我感到十分懊恼。

漫步湖边，芦苇丛中突然飞出来几只野鸭，其中有一只是白野鸭

后来经过多次观察，我发现，这并不是偶然发生的事件，而是灰野鸭舍弃自己的生命来保护白野鸭。其他的猎人也曾经见到过这样的情形，他们举枪的时候，也是击中灰野鸭，而白野鸭却溜之大吉了。原来，白野鸭是靠这种方式生存下来的。不过那些灰野鸭的精神可真够伟大的！

这是发生在诺夫哥罗德州和加里宁州交界处的皮洛斯湖上的事情。

我的读后感

这一部分主要讲述了发生在森林里的一些动物的事情，还教给我们辨别毒蘑菇的技巧和方法。《奇怪的雪花》一节讲述了蜉蝣短暂的生命，给了我深刻的启迪：我们一定要珍惜时间，热爱生命。蜉蝣尚且如此，何况我们人类。

绿色朋友

种什么东西

我不知道你们是否知道什么样的树可以用来造林。

现在我们已经知道了，在我们国家，用来植树造林的乔木有16种，灌木有14种。比如栎树、杨树、桦树、桦树、榆树、槭树、松树、桉树、苹果树、梨树、柳树、花楸树、洋槐、锦鸡儿、蔷薇、醋栗等都是我们可以选择的用来植树造林的植物，大家可一定要记清楚了。

尤其是小朋友们更应该牢牢记住，我们应该选择哪些植物，需要采集哪些种子。

机器栽种

为了绿化祖国，我们要种植大量的树木。光靠我们的双手，肯定不能完成任务。因此，我们发明了一些巧妙实用的种树机。这些机器不但可以播种，而且可以种树（不仅仅是那些小树苗，一些枝繁叶茂的大树同样也适用）。这些机器还有一些其他的用途，比如说种植林带、挖池塘、培育土壤、照顾幼苗等。

机器栽种的好处可真多呀！它可以省下很多的劳动力。

人工湖

在北方，有着众多的河流、湖泊、池塘，所以我们根本就不用担心天气炎热和干旱等情况的发生。但是到了另一个地区就不一样了，那里很少会有河流，更别说湖泊了，特别是一到夏天，这些很小的河流也几近干涸，天气特别干燥。

所以这里的果园和菜园是经常闹旱灾的。

为了解决干旱问题，我们决定在这一地区挖掘一个大水库，总容量大概500万立方米。这样周围500公顷的土地就可以得到有效的灌溉，我们的农民就再也不用担心干旱了。另外，这个大水库里还可以放养一些鱼，这样我们就又多了许多美味佳肴。

青少年的责任和义务

现在，我们的祖国正在经历一场前所未有的大变革，大家都在忙碌着。在伏尔加河、第聂伯河和阿姆河上，我们正在建造水电站，这在以前，我们是不敢想象的。在这里，伏尔加河通过运河和顿河紧紧连在一起。所以我们要培育一条森林带来保护运河和这一片土地，使它们免遭破坏，现在许多人都参与到这一项伟大的劳动当中来了。

我们这些小学生，也想为此尽自己的力量，做一些力所能及的事情，因为我们曾经面对着国旗和少先队队旗宣过誓，我们要成为伟大祖国的栋梁之材，我们要尽到自己的责任和义务，要做对社会有用的人。我们可不能食言。

　　数以万计的小栎树、槭树、桦树栽到了伏尔加河的两岸，横着穿过草原的边界。不过现在这些树苗太小了，不太强壮，因此每棵树都会有很多敌人。那些害虫、啮齿类动物和热风是树苗经常遇到的敌人。

　　于是我们这些共青团员和少先队员决定行动起来，用实际行动来保护这些树苗，让它们免遭敌人的破坏。

　　首先我们和乌斯挈·库尔郡、普里斯坦的少先队员们一起，制造了350个椋鸟房，都挂在那些小森林带里，这样那些鸟就会飞过来住。椋鸟非常勤劳，平均每只鸟每天都能够捕获200克的蝗虫，这会让那些树苗免遭破坏。

　　同时我们还制作了不少捕鼠夹，用来消灭金花鼠和另外一些啮齿类动物。还有一种简单的方法，就是把水灌进鼠洞里，那些金花鼠和其他的啮齿类动物就都成了这片土地的肥料了。

　　我们的集体农庄分到了任务，我们要在农田保护带种上树苗，这就需要很多种子和树苗。当然这些事情责无旁贷地落到了我们这些儿童身上。

【✦成语：说明了植树造林是我们应尽的义务，我们没有理由拒绝。】我们在这个夏天里要准备1000千克树种子。在乌斯挈·库尔郡和普里斯坦的所有学校里，我们都会种上树的种子，来培育幼苗。同时我们还组成森林巡逻队来保护这些幼苗和森林带，使它们免遭破坏。

　　当然，这一切都是我们少先队员应尽的义务和责任。如果全国的儿童和青少年都能够像我们一样，去种植和保护树苗，我想我们国家的面貌肯定会焕然一新的。

● 写一写，练一练

1. 写出下列成语的意思。

责无旁贷：_____

焕然一新：_____

2. 造句。

干涸——_____

保护——_____

森林中的战争

（续前）现在我们的森林记者来到第四块砍伐地，这个地方的树木是30年前被采伐干净的。

有些白杨树和白桦树已经很高了，下面的一些小白杨、小白桦因为没有阳光都死掉了。只有那些小云杉还顽强地抗争着。

不过那些高大的白杨树和白桦树好像并没有太在意，大概是它们过于自信了，它们看到的只是那些和自己差不多的同类，于是它们继续争斗，无休无止，谁长得高一些，谁就成了胜利者，它们用树干、树枝、树叶来压制对手，直至对手颓然地死去。

当那些大树倒下去之后，森林里就有了空隙，这时候阳光会毫无遮拦地照在那些小云杉上。一开始的时候，那些小云杉可能并不习惯这种强烈的阳光，对于它们而言，这简直是一件过于奢侈的事情，所以它们需要一段时间来适应这种无私的馈赠。

等到它们适应了之后，就会突然之间疯长起来，身上的针叶完全地换掉了，代之而起的是新生的针叶，而它们的敌人——那些白杨和白桦还是未曾察觉。等到它们看到竟然有异类混入它们中间的时候，它们已经没有能力来控制这个局面了。

一场更为激烈的战争就此拉开了序幕。

强劲的秋风刮起来了，森林里所有的树木都变得兴奋起来。看！那些阔叶松猛地扑到云杉上，树枝狠狠地抽打着云杉。

这时候，胆小的白杨树也加入了战团，虽然它平时连大气都不敢出一声，但现在它正用它的手——那些树枝去抓云杉，它想把它们的叶子都抓掉。

白桦显然并不屑于这种小打小闹，它的身体很强壮，柔韧性又好，平时它一摇晃身子，旁边的树木都得让它三分，现在它又要开始施展它的本领了。

你看，它抖动着身体，贴紧了云杉，去抽打云杉的树枝和那些针叶。

这真是一场惨烈的战争，可谓是惊心动魄，对于阔叶松和白杨树的进攻，云杉还是招架得住的，但是白桦却不同，它是那么强悍，云杉显然已经快要支持不住了。你看，白桦树猛然间抓住了云杉的树枝，树枝马上就开始枯萎了，它的手臂一旦抓住云杉的树干，云杉就会掉下一块树皮来。我不知道这样的战争会持续多长时间，也不知道云杉究竟能不能挺过去。

如果想要看到这场战争的最后结果，我们必须在这里生活很多年。我们的森林记者决定不再等待，而是转而去寻找其他的采伐地，或许在那些地方，我们能够看到最终的结果。可是谁又能知道呢？

下面的故事我们将在下一期《森林报》上为大家讲述。

园林周活动

在许多城市和乡村，每年都有一个园林周活动。在中部和北方的各个省份，举行的日期定在10月初；而南方，是在11月初举行。

在活动之前，那些苗木场里就准备好了成千上万的果树苗，当然还有那些味道鲜美的浆果，另外还准备了一些装饰用的木材。现在园林周的活动已经很普遍了，那些没有果园的地方也在着手准备这样的活动了。

塔斯社正帮助我们恢复森林

现在我们已经收集了各种树木的种子，准备在校园里开辟一个苗圃，把这些种子种上，里面有橡树、枫树、山楂树、白桦树、榆树等。

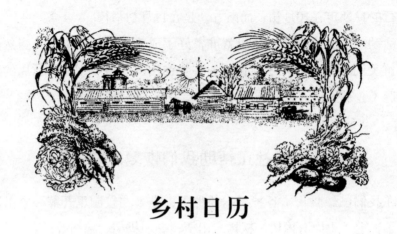

乡村日历

庄稼现在大部分已经收割完了，田里现在正是最忙的时候。

黑麦、小麦、大麦、燕麦现在已经陆续地收割完成，剩下的就只有荞麦了。

田野上到处都是拖拉机的轰鸣声，那些秋播作物已经播种完毕，现在农民们正忙着耕地，准备明年春天的播种。

那些果木园里，苹果、梨和李子都已经成熟了；你到森林里转转，就能看见到处都是蘑菇；在长满苔藓的沼泽地上，越橘也快要成熟了。那些男孩子已经迫不及待了，【⊘成语：表现了男孩子们在遇到味道鲜美的浆果时那种迫切想吃的心情。】用棍子打下山梨，津津有味地吃着。

那些山鹑已经识趣地躲进了土豆地里，这样就没有人来打搅它们了。

可是，好日子没过多久，人们就开始挖土豆了。巨大的机器轰鸣声，小孩子的笑声、吵闹声响成一片，把那些山鹑吓坏了。最让它们感到害怕的是那些小孩子竟然在地里支起了小炉子，点燃了篝火，这些火光让它们恐惧。小孩子的脸上也很吓人，个个抹得像黑色的鬼一样。

于是那些山鹑只能从土豆地里跑出来，它们可不想白白地丢掉性命，如果再待下去，它们肯定会没命的。

找来找去，它们选中了黑麦地，那些秋播的黑麦苗已经很高了，在那个地方既隐蔽，又有食物吃，何乐而不为呢？

消弭（mǐ）灾祸

8月26日，我赶着马车去运一些干草回来。正走着的时候，我发现前面的树枝上蹲着一只猫头鹰。看到我，它没有表现得很惊慌，还是目不转睛地盯着前面的一堆树枝。我停了下来，心想，这家伙挺有意思，为什么不怕我呢？于是我从车上下来，又向前走了几步，顺手捡起一根树枝，向猫头鹰的头上扔去。猫头鹰惊叫一声，飞走了。这时候，几十只小鸟从那堆树枝底下钻了出来，原来猫头鹰是看准了那几十只小鸟，如果我不来的话，它们可就遭殃了。我帮它们躲过了一场灾祸。

森林通讯员　列·波利索夫

我的读后感

这一部分为我们展现了森林中树木之间的战争，还有乡村里发生的许多有趣的事情。读过之后，我们对森林和乡村的情况有了更深入的了解。

农庄里的新闻

（尼·巴甫洛娃）

虚惊一场

这几天，森林里的小鸟和野兽都<u>忐忑不安</u>。【✿成语：表现了小鸟和野兽面临危险时那种极其不安的心情。】原来是一群农民把一些干树枝铺到了地面上。那些小鸟和野兽以为是什么陷阱，所以都小心翼翼的，生怕掉进去。不过没过多长时间它们就明白了：那些人并没有什么恶意。

原来铺在地上的并不是什么树枝，而是亚麻，他们之所以这样做，是因为这样可以更快地把亚麻剥离开来——那些亚麻被雨水或者露水打湿之后，就容易剥离了。

森林里又恢复了平静。

除掉杂草的技巧

麦子已经收割完了，现在地里只剩下麦茬，不过有一些敌人却还存在，那就是杂草。它们的种子藏进泥土里，春天到来的时候，它们就开始疯狂地生长，把土豆都折磨坏了，那些土豆只好任凭它们欺负。

人们决定想个办法来铲除这些杂草，于是他们把锄耕机开进来，草根被剪断了，泥土把那些草种子翻了进去。

这时候，杂草认为春天到了，于是就开始生根发芽，由于现在天气还比较暖和，它们一点警觉性都没有，就疯狂地生长。不过这个时候，农民并没有去收拾它们，任凭它们生长。

人们现在只等着秋天的到来，到那个时候，他们再把土地深翻一遍，这时候所有的草根都露了出来，冬天一来临，那些杂草就全部给冻死了。这才是真正的"斩草除根"呢。【✦成语：这个成语简洁地说明人们对那些杂草是极其憎恶的。】

兴旺的家庭

在五一集体农庄，一头叫杜希的母猪已经生下了26个孩子。此前，它就生下了12个孩子。大家都过来祝贺它。这可真是一个兴旺的家庭啊。

黄瓜的怨言

在黄瓜地里，大家都表现得相当愤怒："那些庄员简直是太可恶了，他们隔不了两天就来一趟，然后摘走我们的那些嫩黄瓜，难道他们就不能等我们真正长大以后再来吗？"【✒语言描写：想象性的语言描写表现了娇嫩的黄瓜对庄员们过早地摘走它们而充满愤怒和不满。】

可是庄员们是不会听它们的，因为只有嫩黄瓜最好吃，等到它们长大了，就不好吃了，不过那些庄员也会留下那么几根来当作明年的种子。

蘑菇帽

森林里现在到处都是蘑菇。在道路的两边生长着棕红蘑菇和油蘑。那些生长在松林里的棕红蘑菇是最好的，它们是红色的，形状肥厚且矮胖，那些蘑菇帽上有一圈一圈的花纹。

孩子们说这种帽子的样式是模仿了人类，观察一番的话，它们还真有点相似之处，那些蘑菇帽的确很像草帽。

油蘑的帽子可就不同了，看上去潮乎乎的，让人感觉很不舒服。我想没有人会喜欢这种草帽的。

失　算

一大群蜻蜓飞到养蜂场里来了，它们准备来捕捉蜜蜂，不过它们扑了一个空，蜜蜂都没在蜂巢里待着。原来蜜蜂早已经跑到丛林里去了，那里的帚石楠花已经开了。

等到那些花都凋谢以后，蜜蜂才肯回来，现在它们正忙呢。

我的 好词好句积累卡

忐忑不安　小心翼翼　剥离　斩草除根

那些生长在松林里的棕红蘑菇是最好的，它们是红色的，形状肥厚且矮胖，那些蘑菇帽上有一圈一圈的花纹。

林中狩猎

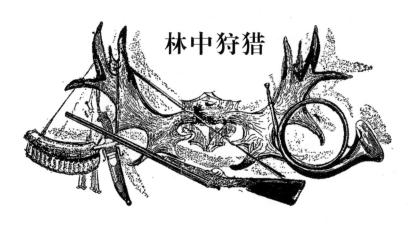

带上猎狗去打猎

8月的一个早晨，天气爽朗。我和塞索伊奇一起到森林里去打猎，和我一起去的还有两只西班牙狗，一只叫吉姆，一只叫鲍侬，它们欢天喜地，又蹦又跳。塞索伊奇带了一只叫拉达的狗，是一只长毛的猎禽狗，又大又漂亮。它把两只前爪抓到主人的身上，还亲昵地舔着他的脸。

"一边去，你这个淘气鬼！"塞索伊奇用袖子擦着嘴，假装生气地对拉达说。

过了一会儿，猎狗们都到一边去了，在割过草的草坪上撒起欢来。漂亮的拉达迈开了矫健的腿狂奔着，白色带着黑斑点的影子在灌木丛中时隐时现。我的那短腿的狗像是被欺负了似的，在后面拼命地追赶着，可就是追不上。

就让它们自己玩去吧。

我们靠近了一个灌木丛，我吹了声口哨，吉姆和鲍依马上就跑回来了，在我面前蹿来蹿去，一会儿闻闻这棵树，一会儿嗅嗅那堆草。拉达则来回乱跑，从左到右，再从右到左，又突然站住不动了。【✿ 动作描写：一系列动作描写，写出了三只猎狗在发现情况时的侦察行动，它们都非常聪明。】它好像撞上了一个铁丝网，僵住了，纹丝不动，只偏着头，拱起富有弹性的脊背，抬着左前腿，尾巴伸得笔直。

它肯定发现了什么，也许是一种野禽的味道吸引住了它，它才停止了狂奔。

"到这边来。"塞索伊奇对我说。

我摇了摇头，把我的两只狗叫了回来，让它们躺在我的脚下，不要影响到拉达对敌情的判断。

塞索伊奇从容不迫地走到拉达的身边，从肩上取下了猎枪。他没有命令拉达往前走，也许他也很喜欢看着猎狗全神贯注的样子，那姿势简直让人着迷。它压抑着满腔的热情和兴奋，时刻准备着给敌人一击。

"上！"塞索伊奇发出了进攻的命令。

可是拉达却没有动。

我现在明白了，这附近有窝琴鸡。当塞索伊奇再次命令拉达往前冲的时候，"扑棱棱"的一阵响，灌木丛中飞出了几只棕红色的大鸟。

"上，上！"塞索伊奇再次命令着，还端起了枪。

拉达飞快地冲了上去，跑着跑着，突然转了半个圈，重新站住了。因为它在另外一边的灌木丛中也发现了情况。到底是什么东西？塞索伊奇跟上去，命令道："上！"

拉达往灌木丛中扑了过去。

在灌木丛后边，有只半大的棕红色的鸟悄悄地飞到了空中。只是这只鸟一点也不精神，笨拙地扇动着翅膀，拖着一只腿，好像受了伤。

塞索伊奇放了一枪，生气地叫住了拉达。

这是什么东西？一只笨秧鸡。

秧鸡这种生活在草地上的野禽，喜欢在牧场中发出刺耳的尖叫声。春天，猎人倒还爱听，但是在打猎的季节，它们到处乱跑，出没在草丛中，扰乱猎狗对猎情的判断，这就是很让人生气的事情了。过了一会儿，我和塞索伊奇分开打猎，约定好到湖泊的另一边聚合。我顺着狭长的山谷寻找，两边山包上都是丛生的树木，吉姆和它的儿子鲍依在我前面奔跑着。我集中精力盯着它们，随时做好开枪的准备。因为西班牙猎狗没有提前发现敌情的能力，只能将猎物惊吓出来。它们时而钻进灌木丛，时而出现在草丛里，总是摇着尾巴，一刻也不停止。真的不能让它们的尾巴长得太长，不然搅动得青草和灌木动静太大了，而且尾巴也会蹭掉皮毛，那可不是什么好结果。因此，这种猎狗刚出生三个星期就会被砍掉尾巴，以后也就不长了。

我盯着两只狗，自己都不明白为什么会发现那么美丽的景象。我看见，刚刚升到树梢上的太阳发出的金色光芒，穿梭在树叶和青草间，像无数条金黄色的小蛇一样。而草丛和灌木丛里，到处都是蜘蛛网，银色的蛛丝闪着耀

眼的光芒。【🔀景物描写：这一段景物描写非常生动，把夏末时节森林中清晨的景色写得非常美好，引人遐想。】弯弯的松树干像极了一把巨大的椅子，但是这样的椅子，谁来坐呢？也许只有森林中的怪兽才会坐到那里。椅子上还有个小水坑，几只蝴蝶翩翩起舞。

猎狗凑过去想喝水，我自己也感觉到口渴了。我向旁边瞅了瞅，发现一张卷边的宽叶绿草上面，有一颗露珠就像宝石一样，闪闪发光。我小心地弓着腰，轻轻地摘下这片草叶，端起了它上面的水。我想：可不要弄洒了，这可是世界上最纯净的一滴水呀！它融入了清晨时的太阳的全部精华。【🔀夸张：运用夸张的修辞手法，把猎人对晨露的喜爱之情表达得淋漓尽致。】

当毛茸茸、湿漉漉的叶片接触到嘴巴，清凉的露珠马上滚到我干燥的舌头上。

吉姆突然"汪汪，汪汪汪，汪汪汪汪……"地大叫起来。我立刻丢掉了那片刚刚带给我清凉的叶子，随它自由地飘落在地上。等我赶到小溪边，已经太迟了，一只我们没有注意到的鸟，从树林里突然腾空而起，飞走了。那是一只野鸭，正笔直地飞向空中。我来不及想什么，顺手就开了一枪。幸运的是，子弹穿过树枝，击中了那只野鸭。它扑通一声掉到了水里。

这一切都发生在一瞬间。

吉姆已经跳到水里，叼着野鸭游了回来，它来不及抖搂身上的水珠，紧紧地叼着野鸭送到我的跟前。

我弯下腰，轻轻地拍了拍它的头，说："谢谢你，我的老伙计。"

谁承想，这个时候它突然抖动身体，把一身的水珠都洒到了我的身上。

我有点尴尬，大声说："一边待着去！"它才跑开了。

我用手捏着野鸭的嘴巴尖，掂了掂。这么沉，真是个不小的收获。嘴很坚硬，应该是只老鸭子，肯定不是新生的。

我将野鸭挂到弹药包的背带上。这个时候，我的两只狗又向前跑开了，我赶忙装上弹药，跟着它们跑起来。

谷底渐渐开阔起来，前面是沼泽地，沼泽地一直延伸到沙坡底，周围是一座座草墩和成簇的香蒲草。

两只狗在草丛中蹿来蹿去。难道它们发现了什么猎物吗？这是猎人此刻最希望发生的事情啊。要是有什么野禽从草丛中飞起来，那还有什么好说的，一定要将它打下来。我的狗已经淹没在香蒲草中了，我只能偶尔看到它们的耳朵忽地一闪，像小鸟的翅膀一样，忽而又不见了。它们现在正在做着跳跃式搜索呢。它们跳起来的时候，可以看到附近的猎物。这时，只听到一声响，好像从泥地里拔出靴子的声音，一个草墩旁边，飞起了一只长嘴的沙锥。它飞得很低，快速地曲折前进。我瞄准后，就开了一枪，可是没有打中。

它打了个旋，伸直腿，直落到一个草墩上，就在我的附近，尖尖的嘴巴撑着地，就像一把长剑一样。

它真的离我太近了，我真不知道它是怎么想的，竟然离猎人那么近，这真的让我为难：打还是不打呢？

幸好狗跑过来，把它轰了起来，我忙又开了一枪，还是没有打中。这真有点奇怪了，打了30多年的猎了，沙锥打下好几百只，这样的情况还真让我紧张。

这真的没有办法，现在得去找几只琴鸡了，不然的话塞索伊奇会笑话我的。他会满脸微笑地问我："打到什么猎物了呀？"那可是件丢人的事情。对于城里的猎人来说，沙锥就是最可口的菜，不过农村人不是很看重它们，这么小的鸟，没有什么好吃的。

又一声枪声传来。这是塞索伊奇放的第三枪，估计他收获不小。

我过了小河，上了山坡。我站在那里，居高临下地往西边看，可以看得很远。西边是一大片砍伐地，然后是燕麦田。呀，能看到塞索伊奇了，他的狗一闪就蹿了出去。

塞索伊奇开枪了，"砰""砰"两声，双管齐发。然后他过去捡拾猎物了。我不能看了，要赶快寻找目标。空地很开阔，鸟要是飞来，我就可以开枪了，现在就等着跑到密林中的狗撵来猎物了。这个时候，我的狗叫起来，

然后另外一条狗也跟着叫，我急忙前去看看发生了什么事情。

现在，狗已经落后了，它们在那里磨蹭着。不用问，它们肯定在那里发现了琴鸡。琴鸡喜欢自己飞得很高，逗引得猎狗老是向前跑。

真的是这样，一只乌黑乌黑的琴鸡跑出来了，黑得像块木炭一样，沿着空地疾飞而去。我端起枪，双管齐发。还是没有打中，它拐了个弯，消失在大树后边。真的不敢相信，我竟然又没有打中。其实我瞄得很准的呀！

我唤来两只狗，走进琴鸡消失的树林，仔细地寻找着，可是什么也没有找到。看来真的又放了空枪啊！

今天真倒霉，我心里烦闷起来。可是又能怨谁呢？枪很好，又是自己亲自装的弹药。我还是去那边试一试运气吧，也许那个湖泊能给我带来好运气。

我又回到空地上，距离这里大约500米就是一个小湖泊。现在，我的心情真的糟糕透了，两只狗也不知道钻到哪里去了。可是转眼间，鲍依不知道从哪里蹿了出来。

　　"你这个坏家伙，到处乱跑什么，难道忘记自己的职责了吗？你可是来帮我打猎的呀，可不是让我跟在你们后面给你们当帮手的。你要是喜欢，你们自己拿枪打去吧！怎么了，不行了吧？那就乖乖地听话！瞧瞧你们那样子，你以为四脚朝天地躺到地上就算是道歉了吗，要是真的愿意道歉，那就好好地听话，盯紧了猎物，别让它们都跑了。你看拉达，它才不和你们这些西班牙狗一样呢，它可是能指示猎物的。要是我带着拉达来就好了，就不会老是打不中了。至少不会像今天这样，我明明瞄准了猎物，到头来还是让它们跑掉了。飞禽在拉达面前，就像是被拴了绳子，想跑都跑不掉的。"【❀语言描写：大段的语言描写，表现了猎人没有打中猎物的懊恼和对猎狗鲍依的抱怨情绪。】

　　我这样一边狠狠地发泄自己的怒气，一边向前走。前面出现了银光闪闪的湖面，我心里重新燃起了希望。

　　湖边长满了芦苇，鲍依急不可耐地跳了进去，向湖中心游了过去，高高的绿色芦苇被撞得左右摇摆。突然，鲍依狂叫一声，接着一只野鸭"嘎嘎"地叫着，从芦苇荡里冲向了天空。我迅速地瞄准，开了一枪。野鸭在空中惨

叫一声，长长的脖子耷拉下来，肚皮朝天，两只红脚乱踢，掉到了湖里。

鲍依马上游了过去，张嘴就想咬野鸭，却不知道怎么了，野鸭不见了。感到莫名其妙的鲍依在原地打起转来，就是找不到野鸭的影子。突然，不知道它被什么东西绊了一下。它一下子明白了，野鸭沉到湖底了。鲍依扎了个猛子，也沉了下去。正当我焦急地等待的时候，发现野鸭竟然浮出了水面，慢慢地向岸边游来。真是奇怪极了，野鸭侧着身子，脑袋浸到水里。我还从来没有见过鸭子这样游泳呢！

原来，是鲍依衔着野鸭朝岸边游过来了。它的头被野鸭挡住，我就只能看到野鸭了。

"打得很好哇！"塞索伊奇的声音从我背后传来。他不知道什么时候跑到我背后来了。

鲍依爬上岸，放下了野鸭，抖掉了身上的水珠。

我看它竟然没有将野鸭送到我跟前的意思，大声说："懒惰的家伙，还不送过来！"这个家伙今天不知道怎么了，竟然对我的话不理不睬。吉姆跑了过去，对着儿子怒喝着，叼起野鸭向我跑来。接着，它又给了我一个惊喜，从灌木丛中叼出来一只死琴鸡。

难怪半天见不到这个老伙计，原来它是在找那只被我打伤的琴鸡呀！估

计它找到琴鸡后，又叼着琴鸡在我后面足足追赶了500米。

此时，我心里充满了感激之情。它让我在塞索伊奇面前，感到无比骄傲。

吉姆真的是只忠诚的狗，它已经为我服务整整11个年头了，从来没有偷过懒。想到这里，我心里难过起来，狗的寿命是有限的，估计这也是它最后一次跟着我来打猎了，以后，我不知道去哪里才能找到这样的好伙伴哪！

当我和塞索伊奇围着篝火喝茶的时候，这些难过的想法一齐涌了上来。干练的塞索伊奇麻利地把猎物挂到白桦树枝上。他今天收获了两只小琴鸡和两只壮实的小松鸡。

三只狗围在我们周围，渴望能得到我们给它们的奖励，这从它们的眼神里就能看得出来。这些家伙，肯定会有它们的一份的，不要那么馋嘛！干活卖力，当然应该有奖赏。

已经接近中午了。天蓝蓝的，高大笔直的白杨树的叶子在空中窸窣作响，似乎也在庆祝这样好的天气呀！【 🖋 环境描写：渲染了一种喜悦的气氛，因为打到了猎物，似乎连天气也变得可爱迷人。】塞索伊奇坐下来，懒散地卷起了旱烟，似乎在考虑什么问题。

我高兴起来，我知道，他又要讲自己打猎的趣事了，每次这样做，就说明他准备讲了。现在这个时候，猎人都千方百计地来这里打鸟。不过，要想猎捕到它们可不是件容易的事情，一定要预先了解它们的生活习性。

打野鸭

一旦到了小野鸭会飞的时候，大大小小的野鸭就会成群飞行。一天两次，从一个地方飞到另一个地方。猎人很早就注意到了这一点。白天的时候，它们钻到芦苇丛里睡觉，等到暮色降临，它们就会飞出芦苇丛。

猎人已经守候多时了，他们知道野鸭要向田野里飞，早在那里等着它们了。

猎人站在岸边，躲藏到灌木丛中，向着水的方向，遥望着远方的落日。

太阳一落山，晚霞火红火红的，就像一块铺开的大幕。这时，野鸭成群地飞过天空，直直地向猎人飞来。在这种情况下，猎人很容易瞄准，只要他能出其不意地从灌木后面射击，打中的绝对不会只是一只野鸭。

猎人兴奋地打了一枪又一枪，直到天黑才住手。

野鸭夜里在田里觅食，清晨就会飞到芦苇丛中。这个时候，猎人仍旧埋伏在灌木丛中，只是换了一个相反的方向，背朝水，脸向东。

一群群野鸭径直飞向他的枪口。

好帮手

林间的空地上，有一窝小琴鸡正在觅食。你可别小看它们，它们机灵着呢，一个个都只在林边溜达，万一有什么情况，立马就逃回树林了。

它们在啄食浆果呢！

突然，一只小琴鸡听见草丛中响起了沙沙声，它抬起头，一张可怕的面孔映入了它的眼帘。厚厚的嘴唇，耷拉着的舌头，两只贪婪凶狠的眼睛死死地盯着小琴鸡。【外形描写：这里对猎狗拉达的外形描写，将它渴望逮到小琴鸡的凶狠形象描绘了出来。】

小琴鸡缩成一团，小眼睛和那铜铃般的眼睛对望着。它耐心地等待，等待将要发生的事情，只要对方向前一步，它就会张开翅膀，飞到旁边的树林中。

时间仿佛被定格了，那个怪物还是站在那里，对着蜷缩的小琴鸡。两个家伙大眼对小眼，琢磨着对方的心思。

突然，一声命令传来。

"前进！"

怪物接到命令，扑向了小琴鸡，小琴鸡扇动着翅膀，逃向了森林。

只听"砰"的一声，火光一闪，一缕硝烟从林中腾起。小琴鸡一个跟头

栽倒在地上。

猎人走过来，捡起小琴鸡，又对着狗发话了："拉达，干得好，再找找！"

我的读后感

这一部分为我们描绘了那些忠诚、勇敢、勤劳的猎狗，还有聪明的猎人，同时也为我们展现了各种各样的猎物，描写得非常细腻。我有时候真为那些小动物感到悲伤，它们可能躲过了天灾、天敌，却躲不过人类手中的猎枪。

打靶场

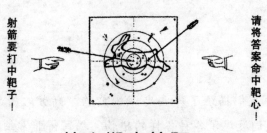

射箭要打中靶子！

请将答案命中靶心！

第六期竞答题

1. 一条水里游的鱼有多重？

2. 蜘蛛埋伏在一旁，怎么会知道自己的蛛网捕到了猎物？

3. 什么哺乳动物会飞？

4. 白天，小鸟发现猫头鹰的时候，会采取什么行动？

5. 明明不是裁缝，可剪刀不离手；明明不是鞋匠，可随身带鬃。（谜语）

6. 什么时候蜘蛛会飞？它们怎么飞行？

7. 哪一种昆虫的成虫没长嘴？

8. 家燕和雨燕晴天里飞得高高的，可阴天空气潮湿的时候，它们为什么飞得很低？

9. 如何根据蚁巢的情况来判断是否快要下雨了？

10. 蜻蜓喜欢吃什么？

11. 哪一种野兽爱吃树莓？

12. 夏天在哪些地方观察鸟的脚印最好？

13. 我们这里最大的啄木鸟是什么颜色的？

14. "鬼烟"是什么东西？

15. 身体横在场上，脑袋摆在桌上，脚爪还在田里放。（谜语）

16. 吃它的头，穿它的皮，丢了它的秆子。（谜语）

17．像个男人，身穿黄衣，腰束丝带，躺在地上，不能起来，只等人来把它抬。（谜语）

18．我默默地在远处对你说。（谜语）

19．没有人吓唬它，它却一直在颤抖。（谜语）

20．这是什么草，盲人都知道。（谜语）

21．什么东西在麦田里生长，却不能放在嘴里吃？（谜语）

22．蹲在那里瞪眼睛，不说俄语却嘟囔；出生在水里，居住在地上。（谜语）

公 告

请通知我们

椋鸟到哪里去了？有时候白天还能看见它们在田里和草上活动。可是夜里，它们为什么就都不见了呢？小椋鸟一飞离巢穴，就丢下巢穴朝远处飞去，再也不会回来了。

转达问候

我们从北冰洋沿岸和各个岛屿上飞来，那里的小海豹、海象、格陵兰海豹、白熊和鲸都叮嘱我们向读者问好。

同时，我们也替非洲狮、鳄鱼、河马、斑马、鸵鸟、长颈鹿和鲨鱼转达对读者的问候。

"锐眼" 称号竞赛五

这些是什么鸟的影子?

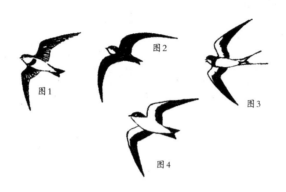

图1

图2

图3

图4

哪一只是雨燕,哪一只是家燕?

你坐在田野里、山冈上或是河岸的陡坡上,太阳高高地挂在天上。一些猛禽在你头顶上远远地飞着。不时有猛禽飞过的影子,在你面前的地面上、水面上慢慢飘过,或者一闪而过。

如果你有双锐利的眼睛,而且很熟悉这些鸟的影子,你根本不用抬头,只要观察每一只猛禽投下的黑影,就能认出是哪一种猛禽。

这是一个飞速掠过的、轻飘飘的影子。窄窄的翅膀像一把镰刀似的,尾巴长长的,有一个圆圆的尾巴尖(图5)。这是什么鸟在飞?

图5

从影子可以看出,这只鸟身体的大小,跟图5中的鸟类似,只是要更宽一点,有厚实的翅膀、笔直的尾巴(图6)。这是什么鸟在飞?

图6

　　这个影子更大，翅膀更厚实，尾巴看起来像把扇子，尾巴尖呈圆形（图7）。这是什么鸟在飞？

图7

　　这是一个巨大的影子，翅膀弯折的角度很大，尾巴的末端有豁口（图8）。这是什么鸟在飞？

图8

　　这个影子还要更大，翅膀呈三角形，翅膀尖上好像被剪下去了一点，尾翼两侧呈直角（图9）。这是什么鸟在飞？

图9

　　这个影子非常大，有巨大的翅膀，翅膀尖好像5根分开的手指。头部和尾巴看上去较小（图10）。这是什么鸟在飞？

图10

打靶场答案

"锐眼"称号

竞赛答案及解析

打靶场答案

第四期竞答题

1. 从夏至起。这是一年中白昼最长的日子。

2. 刺鱼。

3. 小老鼠。

4. 野鸭和钩嘴鹬。

5. 钩嘴鹬的蛋上布满了大小的斑点，野鸭的蛋是纯白色的。

6. 后脚。

7. 一共有5根刺：3根长在背上，2根长在肚子上。

8. 家燕巢的入口向上开；金腰燕巢的入口开在侧面。

9. 如果鸟巢里的蛋给人动过了，鸟就会丢下那个巢。

10. 有。

11. 翠鸟。

12. 因为这些鸟会把自己的巢用树上的青苔伪装起来。

13. 并不全是这样，有许多鸣禽（燕雀、金翅雀、篱莺）一个夏天孵两次小鸟，有的鸟（麻雀、鸫）甚至一个夏天孵三次小鸟。

14. 有。那里的池沼里，生长着一种膏菜。蚊子、飞蛾和其他的昆虫落到它那又圆又黏的叶子上去，就会被它逮住吃掉。在河水和湖水中，有一种狸藻。小虾、小虫、小鱼爬进它的囊里去，就会被它捉住。

15. 银色水蜘蛛。

16. 杜鹃。

17. 乌云。

18. 割草机：割下草，堆起草垛。

19. 麦穗。

20. 青蛙。

21. 影子。

22. 山羊。

23. 回声。

24. 刺猬。

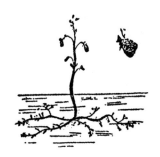

第五期竞答题

1. 雏鸟在从蛋壳里孵出以前，嘴巴上面有一小块硬疙瘩，雏鸟就用这东西敲破蛋壳。这个硬疙瘩叫作"雏齿"。在出壳以后，这个"雏齿"就脱落了。

2. 有尾巴的。有尾巴的牛吃草的时候，用尾巴撵对它纠缠不休的、叮咬它的虫子。没有尾巴的牛，就没法撵牛虻和牛蝇了，那时，它不得不常常摇脑袋或者从一个地方转到另一个地方。这样，它就吃得少了。

3. 因为这种蜘蛛的脚容易折断，只能像割草似的运动。

4. 夏天。那时到处都有无助的雏鸟和小野兽。

5. 鸟类。

6. 许多种昆虫都是这样的，比如蝴蝶：先是卵，而后是青虫，再由青虫变成蛹，又由蛹变成蝴蝶。

7. 鹅的羽毛上蒙着一层油，因此羽毛不会被水沾湿，水落在鹅背上，就会一滴一滴流下去。

8. 因为马汗腺较发达，狗汗腺不发达，狗伸出舌头，这样能凉快一点。

9. 杜鹃的雏鸟。杜鹃把蛋随便生在别的鸟的窝里，让别的鸟替它去孵化并养育后代。

10. 歪脖鸟。

11. 小白嘴鸦的嘴巴是黑的，老白嘴鸦的嘴巴是带脏点的白色。

12. 刺鱼。

13. 蜜蜂蜇过人以后就会死去。

14. 吃母亲的奶。

15. 向太阳，正对南方。

16. 闪电和雷。

17. 亚麻——它一直到中午之前都开淡蓝色的小花。

18. 红色的蘑菇——牛肝菌。

19. 野蔷薇的浆果。

20. 蝰蛇。

21. 露水。

22. 蚂蚁。

23. 蜗牛。

24. 野蔷薇，玫瑰。

第六期竞答题

1. 它的体重，等于它身体所排开的水的重量。

2. 蜘蛛在旁边躲藏着，一只脚紧紧地抓住一根绷紧的蜘蛛丝，丝的另一头连在蜘蛛网上。猎物一落在网上，网就颤动起来，那根细丝也就扯动蜘蛛的脚，它就知道有猎物落网了。

3. 蝙蝠和鼯鼠。鼯鼠的脚趾间有膜，能滑翔几十米远。

4. 它们成群结队，大声喊叫着向猫头鹰冲过去，直到把它赶跑。

5. 小龙虾。

6. 在晴朗的秋日里，风带着蜘蛛在空中飞行。

7. 蜉蝣。

8. 燕子在飞行的时候，捕食小蝇、蚊子和其他虫子。在晴朗的日子里，

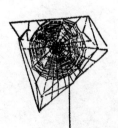

空气干燥，这些虫子飞得高。而阴天空气潮湿时，空气是重的，水分充足，这些虫子就不能飞得高了。这时，燕子为了捕到这些虫子，飞得很低。

9. 感觉到快有雨了，蚂蚁就藏进蚂蚁洞里去，把所有的洞口都堵上。

10．各种虫子，如苍蝇、蜉蝣等。

11．熊。

12．在脏泥和淤泥上，或在河岸、湖岸、池岸。各种各样的鸟聚集到这里来，它们都会留下清晰的脚印。

13．黑色的，戴着红色的"帽子"。

14．马勃菌。成熟的马勃菌只要轻轻一受力，就会破裂，释放出一阵"尘雾"，所以被称为"鬼烟"。

15．麦穗。场上的是麦秸，桌上的是麦粉做的面包，田里的是麦根。

16．亚麻。"头"就是亚麻籽，可以榨油。亚麻皮可以搓成绳子用。秆子被扔掉。

17．麦秸。

18．回声。

19．白杨。

20．荨麻。

21．矢车菊。

22．青蛙。

"锐眼"称号竞赛答案及解析

"锐眼"称号竞赛三

图1是啄木鸟的洞。瞧，洞下面的地上有一大堆木屑，好像是刚锯出来的。那是啄木鸟用嘴巴凿树洞给自己做巢的时候掉出来的。树干非常干净，哪里也没弄脏。啄木鸟是很爱干净的鸟，它把自己的小宝宝也拾掇得很干净。

图2是椋鸟的洞，体现出椋鸟在这个树洞里孵出了雏鸟。树下没有新木屑。树干上沾满了熟石灰似的鸟屎。

图3是鼹鼠洞。穴居在地下的居民——鼹鼠，常常在夏天爬到地面，把泥土弄得蓬蓬松松的，做出小土堆，自己就躲在里面。

图4是松鼠窝。它是用树枝做的，圆圆的，里面铺着青苔，有些青苔露在外面。你可以立刻就知道，这肯定不是鸟巢。

图5是灰沙燕的巢，灰沙燕在砂崖壁上挖了洞做巢。有许多人以为这是雨燕的巢，但是要知道，雨燕是从来不在这样的洞里做巢的。

图6是獾挖的洞，可是住在洞里的是狐狸。一望便知，这个洞是个动作熟练的挖土兽挖的：出入口有好几个，没有一个是坍塌的。可是现在洞口乱丢的家鸡和琴鸡的羽毛和骨头、啃完了肉的兔子脊梁骨表明，这显然不是爱清洁的肉食兽吃剩下的。不用说，这一定是狐狸干的了。

图7也是獾挖的洞，现在它还住在里头。獾是非常爱清洁的野兽。在它居住的地方，你找不出一点吃剩的东西。它的食物是软体动物、青蛙和嫩植物根等。

"锐眼"称号竞赛四

图1是琴鸡妈妈。　　　　　图2是小野鸭。

图3是小琴鸡。　　　　　　　图4是红脚隼妈妈。

图5是小燕雀。　　　　　　　图6是燕雀爸爸。

图7是小红脚隼。　　　　　　图8是野鸭爸爸。

请你对对看，你把雏鸟和它们的爸爸妈妈排列得对不对？应该这样排列：

琴鸡爸爸　图3图1

图8图2　野鸭妈妈

图6图5　燕雀妈妈

红脚隼爸爸　图7图4

如果你排列得对了，跟上面的次序一样，那么每一只丢失的雏鸟，都将有它的爸爸在左边、妈妈在右边。

"锐眼"称号竞赛五

图1、图2分别是灰沙燕和雨燕。雨燕是这里的燕子中最大的一种，雨燕那很长很长的翅膀，像镰刀一样。

图3、图4是分别金腰燕和家燕，它们的尾巴均像小辫似的。

图5是正在飞的红隼的影子。

图6是正在飞的鹞鹰的影子。

图7是正在飞的鹭（鹈鹕、秃头鹰）的影子。

图8是正在飞的黑鸢的影子。

图9是正在飞的猫头鹰的影子。

图10是正在飞的雕的影子。

你可以把这些鸟影画在笔记本上，把它们全记熟。

注意：红隼的翅膀是尖的，像镰刀似的；鹞鹰的翅膀往里弯；鹭尾巴尖有点圆；黑鸢的尾巴有凹三角形的缺口；猫头鹰的翅膀呈三角形，尾巴直溜溜的，好像截短了一截似的；雕的翅膀很大很阔，翅膀尖上的羽毛叉开。

读《森林报》有感

大自然的美，令人心旷神怡。大自然里有壮美的山川，有美丽的湖海，还有各种各样、千姿百态的可爱小动物。《森林报》刚好把大自然完美地呈现出来。

《森林报》里写了春夏秋冬12个月里各种有趣的动物、植物，还有不同的景色，那些美景真让人向往。作者比安基把大自然里的各种景物描写得生动可爱，使读者身临其境，对该著作不忍释手。

比安基小时候跟随父亲上山打猎，跟家人到郊外、乡间、海边或长或短地驻留。在那些地方，他逐渐和大自然建立了亲密的感情，并在父亲的指导下学会了怎样根据飞行的姿态识别鸟，怎样根据脚印识别野兽……他也学会了怎样观察大自然和生活中的各种事物。

比安基笔下的大自然和城市不同，城市里高楼直插云霄，鳞次栉比，那些钢筋水泥建筑有时会让人莫名地感到压抑；而大自然景色宜人，令人心旷神怡，你永不会感到厌倦，因为它是那样多姿多彩。

大自然里的动物和动物园里的动物也不同，动物园里的动物被限制了自由，失去了天性；大自然里的动物自由快乐，想去哪儿就去哪儿，虽然大自然里也暗藏危机，但是这样的生活是不受拘束的。有诗人曾说："若为自由故，二者皆可抛。"融入大自然后，你也许会真正体会出这话的意义。

我爱《森林报》，我爱大自然。请大家都珍爱自己身边的一切关乎大自然的事物，因为我们只有一个地球。

考试真题回放

❶名著阅读。

　　最近森林里出现了一个神秘的家伙，被动物们叫作"夜行大盗"，因为它只在夜里出没。森林里的居民个个胆战心惊，生怕那个神秘的家伙会偷到自己的身上来。

　　昨天晚上受到袭击的是一只麋鹿。麋鹿的个头较一般的鹿要大很多，显得非常高大。它的力气很大，奔跑速度很快，长着一对大犄角，就算是凶猛的大熊见了它也会躲得远远的，所以它不会惧怕来自森林里的神秘杀手。当它穿过森林的时候，突然看到旁边的树上好像长了一个木瘤，它从未见过如此大的木瘤，感到很好奇。于是，它停了下来，靠了上去，想看个究竟。

　　正在这时，一个黑乎乎的东西闪电般地压了过来，骑到了麋鹿的脖子上。麋鹿的警觉性还算是很高的，当它突然意识到这是那个神秘杀手之后，它猛地把脑袋一甩，那个家伙"嗷"的一声，摔在了地上。麋鹿没敢多看一眼，撒腿就跑，它连那个家伙的脸都没有看清楚。

　　没有人知道这个神秘杀手到底是谁，因为见过它的动物都已经没命了。直到现在，我们仍然不知道那个神秘杀手的真实面目。

——《夜行大盗》

　　（1）这是选自《森林报·夏》中的一个片段，它的作者是苏联科普作家_____。

　　（2）文章中描写的这个神秘的杀手会是狼吗？为什么？

　　（3）根据《森林报·夏》全文，你认为这个神秘杀手是什么？它为什么可以在晚上出来作案呢？

❷读下面文字，回答后面的题。

鹪鸽一下子在巢里孵出6只光溜溜的小鸟。有5只小鸟都长得很像妈妈，而第六只却完全不同，是一个"丑八怪"。

第一天它还安安静静地躺在那里。第二天，"丑八怪"就不安分了，用力地把屁股往其他小鸟的身子底下挤，同时用光秃秃的翅膀夹住同在屋檐下的兄弟，像一把钳子一样，死死地夹住，把那些小家伙扛到自己的肩膀上，接着往后退，最后退到了巢的边缘……撅起身子，屁股猛地一使劲，就把那只小鸟掀到巢外面去了。鹪鸽的巢可是建在河岸上方的悬崖上的。可怜的小鸟，浑身还是光溜溜的，就这样一下子摔到了悬崖下面，死掉了。

5天之后，等它再一次睁开眼睛，它发现，只有它自己还躺在巢里，其他的5只小鸟都被它谋杀了。

就这样12天过去了，那只"丑八怪"长出了羽毛。于是终于真相大白了：原来鹪鸽爸爸和鹪鸽妈妈辛辛苦苦抚养的竟然只是一只被遗弃的杜鹃。可是它的叫声实在是可怜极了，再看看它的样子，那么像自己的孩子——抖动的翅膀，张开的小嘴，鹪鸽爸爸和鹪鸽妈妈顿生怜爱之心！于是善良的鹪鸽爸爸和鹪鸽妈妈心软了，照常喂给小杜鹃食物吃。老两口的日子过得很紧巴，每天它们都忙忙碌碌的，自己却吃不饱，从白天到晚上，它们一直在给小杜鹃寻找可口的食物——大青虫。喂食的时候也是比较麻烦的，它们需要把脑袋伸到小杜鹃的嘴里面去，才能够把食物塞进小杜鹃的喉咙里面。

到了秋天，小杜鹃终于长大了。它离开了它的养父母，飞走了。我想这一辈子它都不可能再和它的养父母相见了。

（1）杜鹃将其他的小鸟都谋杀掉，独自享受着鹪鸽爸爸妈妈的宠爱，这样的行为用一个成语来形容就是_____。

（2）杜鹃长大后离开了养父母，再也不会回来，对这样忘恩负义的行为，中国俗语中有一个专门的词是：＿＿＿＿＿＿＿。

（3）在本章故事中，虽然杜鹃的形象让人厌恶，但是在中国传统文化中，它却有着不一样的意义，往往和浓烈的感情联系在一起，你能举出几句这样的诗句吗？

_____

_____

阅读达标训练

❶ 依照森林历法，夏天从哪天开始？（　　　）

　　A.4月21　　　　B.5月21　　　　C.6月21

❷ 青蛙是先长前腿还是先长后腿？（　　　）

　　A.前腿　　　B.后腿　　　C.一起长

❸ 比安基，苏联著名_____家，他被称为_____，他的作品除了《森林报》以外，还有《森林中的真事和传说》《中短篇小说集》《短篇小说和童话集》等，都是用他擅长的方式描写的森林里_____的生活。

❹ 在森林世界中，一年之中在哪个季节动物最容易找到吃的？（　　　）

　　A.春季　　　B.秋季　　　C.夏季

❺ 哪种雏鸟不认识自己的妈妈？（　　　）

　　A.猫头鹰　　　B.鹈鸪　　　C.杜鹃

❻ 蜜蜂蜇完人后会死，这句话对吗？（　　　）

　　A.对　　　B.不对

❼ 下雨前，蚂蚁的巢穴会有什么变化？

_____

❽ 你知道的野兽中，哪种会飞翔？

_____

❾ 有人说，狗熊很胆小，也会被吓死。你认为这样说对吗？

_____

参考答案

忙碌筑巢月（夏天第一月）·绿色朋友

1. mào　shì

2. 索取——对于大自然，我们不能一味地索取，应该注意保护。

　　畅想——同学们欢聚在一起，畅想美好的未来。

忙碌筑巢月（夏天第一月）·来自四面八方的无线电

1. kuàng　jīng

2. 一望无际　欢欣鼓舞

小鸟出生月（夏天第二月）·林中狩猎

天壤之别：形容差别非常巨大。天，天上；壤，地上。

怒不可遏：愤怒到不可抑制的地步，形容非常愤怒。

成群结队月（夏天第三月）·绿色朋友

1. 责无旁贷：指自己应尽的责任，不能推给别人。

　　焕然一新：一改旧貌，呈现出全新的面貌或气象。

2. 干涸——冬天到来，沙漠中仅有的几条小河也干涸了。

　　保护——我们要尽自己最大的努力保护我们的地球。

考试真题回放

❶ （1）比安基

　　（2）不会是狼。因为狼不会上树，但这个杀手是从树上跳下来的。

　　（3）猞猁。它之所以可以在晚上出来作案，因为它的视力非常特别，在晚上可以像在白天一样看东西。

❷ (1) 鸠占鹊巢

(2) 白眼狼

(3) 其间旦暮闻何物? 杜鹃啼血猿哀鸣。

蜀国曾闻子规鸟，宣城还见杜鹃花。

庄生晓梦迷蝴蝶，望帝春心托杜鹃。

阅读达标训练

❶ C

❷ B

❸ 儿童科普作家和儿童文学家　发现森林的第一人、森林哑语翻译者　动植物

❹ C

❺ C

❻ A

❼ 蚂蚁能预感到下雨，便会躲藏到洞里，随后把所有的洞口堵上。

❽ 蝙蝠；森林里还有一种松鼠，也就是鼯鼠，它的脚趾间有膜，也可以滑翔几十米。

❾ 对。《森林报》中就有关于狗熊被吓死的报告。